1菜+1酒

姐的居家小酒館

\大滿足!/

下班後一人乾杯下酒菜
10分鐘輕鬆上菜

常常生活文創

序

世界上的女人可以分成兩大類，
一種是「喝酒一定要有人陪」，
另一種是「一個人喝酒也無所謂」。
我百分之百屬於後者，
一年之中只有2～3天（生病發燒時）不喝酒，
否則基本上每天一定要喝上一杯。
話雖如此，但若是如果每天都在外面喝，
過不了多久，不僅荷包大失血，體重也會直線飆高，
因此免不了要一個人在家喝酒。
下班回家洗完澡，
站在廚房打開一瓶罐裝啤酒，便開始動手做下酒菜，
盡可能在喝完這罐啤酒之前完成一道菜。
菜色可以想想啥是跟待會兒要喝酒很搭的，
或是把冰箱現有的食材搬出來隨意搭配組合，

做成「無名料理」也很棒。
與其配洋芋片或外面買出清特價的熟食，
僅僅是一道親手做的料理，
在家獨自飲酒的樂趣就大勝一切。

我做的菜很隨性，切好拌一拌，
或是簡單煎熟、炒一下、或油炸，
步驟盡量簡化，就連份量（畢竟是食譜書所以還是寫一下）
也是差不多就可以。

本書將大量介紹作法超級簡單的下酒菜食譜，
即使一手忙著拿啤酒，只用一隻手也可以輕鬆完成。
別再猶豫了，今晚就翻開本書挑選出一道菜餚來做吧！

徒然花子 

目次

第1章
10分鐘內立即開喝！ 7

玉米x毛豆煎餅 8
醃小黃瓜 10
洋蔥鑲豆皮 11
番茄炒蛋 12
土耳其沙拉 14
泰式荷包蛋佐香菜 15
生鮪魚拌皮蛋 16
什錦涼拌豆腐 17
長蔥春捲 18

第2章
最近蔬菜吃得不太夠 21

韓式蔬菜盤 22
蜂蜜紫蘇梅味噌拌青菜 24
咖哩燉菜 25
生菜包豬肉鬆 26
香煎根莖蔬菜 28
整顆高麗菜燉豆 29

第3章
讓我吃肉！ 31

軟嫩的茗荷拌豬肉 32
香煎雞翅 34
紅醬焗蛋 35
蠔油奶油炒牛肉 36
越南風味紅燒肉 37
清蒸雞胸佐蒜味優格醬 38

第4章
也想吃魚！ 41

清蒸鮭魚 42
葡式香烤沙丁魚 44
義式生魚片佐紅紫蘇醬菜 45
炸鮮蝦餛飩 46
新鮮扇貝拌梅子泥 47
青甘魚西京燒 48

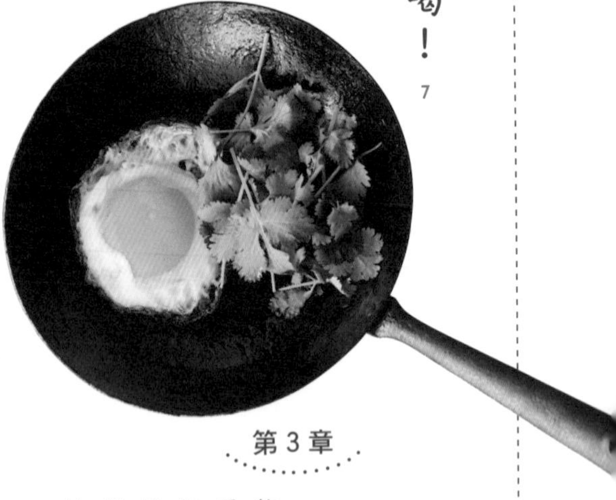

第5章
水果適合搭配氣泡酒或白酒 49
甜柿大頭菜生火腿沙拉 50
西西里風開心果柳橙沙拉 52
古岡左拉起司焗無花果 53
葡萄香煎培根 54

第6章
1次完成 3次暢飲 61
鹽漬紅蘿蔔絲 62
低溫慢烹雞肝 64
魚露炒羊栖菜 66
醃豬肉 68
普羅旺斯雜燴(Ratatouille) 70

第7章
減料一樣美味 73
只有蛋的茶碗蒸 74
不加美乃滋的馬鈴薯沙拉 75
肉感十足小丸子 76
法式白醬焗馬鈴薯 77
簡易版筑前煮 78

第8章
碳水化合物的誘惑 83
雞蛋拌飯 84
焦香味噌飯糰 85
韓式冷麵 86
韭菜拌烏龍麵 87
只有罐頭番茄的義大利麵 88

特別章-1

愛店最令人難忘的一道菜 91

「黑輪太郎」的水煮馬鈴薯 92
「Romuaroi」的生春捲 94
「天★」的吮指雞肝醬小點 96
「Organ」的庫司庫司沙拉 98

特別章-2

感謝家居派對之神！ 101

亞由美的蔥油拌銀耳百合 102
京江太太的油煮秋刀魚 104
酒吧Urban老板娘的泰式熱炒 106

適合搭配的酒類索引 108

Hana Column

① 可以保存1星期的辛香菜盒作法 20
② 活用蒸籠烹調蔬菜與市售燒賣 30
③ 冰箱有它就沒問題！製作下酒菜的必備食材 40
④ 只要1000日幣，在家也可以喝到美味的酒！ 55
⑤ 料理專家傳授的極品美味 —內田真美老師的「蜜桃莫札瑞拉起司沙拉」 56
⑥ 我珍愛的食器們 58
⑦ 精緻美味！便宜好喝的自然派葡萄酒 60
⑧ 我的書架上全都是和食物有關的書！ 72
⑨ 看了會令人飢腸轆轆的電影佳作 79
⑩ 料理專家傳授的極品美味 重信初江老師的「白菜涮豬肉味噌奶油鍋」 80
簡單到不用食譜！只有精簡文字說明的下酒菜 82
⑫ 解救宿醉的飲料 89
⑬ 獨飲女子的天堂！「薩莉亞」徹底活用術 90
⑫ 最強伴手禮和居家派對的原則 100

＊微波爐加熱時間是以500W的火力計算。　＊分量除非特別註明，一律是一人份。

第1章

10分鐘內立即開喝！

夜晚的時間意外地短暫。
泡個澡、看個臉書，
也得追一下預錄的電視節目，
還想幫腳趾甲重上指甲油！
想做的事一堆，一下就填滿了整個夜晚，
所以晚餐就先來一道10分鐘內就可以完成的下酒菜。
即使簡單到讓人懷疑「這樣也稱得上是一道菜？」
反正是自己吃，可以下酒就好，何必在意呢！
三兩下完成之後立即開喝，
不囉嗦！今晚就來享受獨飲的樂趣。

天婦羅粉萬歲！

玉米×毛豆煎餅

〈材料〉

- 玉米粒（冷凍） 4大匙
  ＊若是當季，選用新鮮玉米更好 !!
- 毛豆（水煮過，從豆莢將豆仁取出） 4大匙
- 天婦羅粉　滿滿2大匙
  （並不一定要用天婦羅粉，也可以用麵粉或太白粉代替，只是口感會有差異。）
- 水　2大匙
- 橄欖油　2大匙　・鹽　少許
- 檸檬（切成月牙形）　1片

〈作法〉

1 準備兩個調理盆，分別放入玉米粒、毛豆，倒入各半的天婦羅粉、水之後拌勻。

2 平底鍋裡倒入橄欖油，開火加熱，將1大匙的 **1** 放入鍋裡，以中小火煎至表面酥脆後翻面，再煎1～2分鐘即可起鍋裝盤。

3 撒鹽，擺上檸檬片即完成。沾「大蒜優格醬」（P.38）吃也很美味。

剝殼的過程一定會忍不住偷吃，所以最好多煮一點。一定要戰勝「其實直接吃就很好吃耶」的誘惑，才能進行下一步！

毛豆和玉米分別裹上天婦羅粉漿，或是混合做成一種口味也行。

油要多一點，煎至邊緣表面脆酥才翻面繼續煎。

一個人住的廚房裡很少會出現油炸料理，

但「天婦羅粉」還是不可少！

因為除了油炸之外，它可運用的地方可多了，我擅自替它取名為魔法粉末，

甚至想頒發諾貝爾獎給天婦羅粉的發明者！

天婦羅粉是由麵粉和泡打粉組合而成，

只要加入適量的水拌勻，放入食材裹上麵衣，下鍋油炸，

任何人都可以做出外酥脆內膨鬆的天婦羅。

雖然漫畫《美味大挑戰》裡強調「天婦羅粉加入冰水、蛋，如何攪拌

而不產生筋性可是考驗廚師的技術」，

但其實不用那麼講究，「煮個麵＋冰箱裡用不完的蔬菜拌一拌炸成天婦羅」的組合就已經擠進我個人「居家美味排行榜 Best 10」（棒極了！）

不妨試試這道以天婦羅粉製作的煎餅當下酒菜。

只用少少的油也可以煎出外酥脆內膨鬆的口感！

ホッピー
光這一道菜
就已大大滿足！

只要將材料放入塑膠袋，搓揉幾下就完成

醃小黃瓜

〈 **材料** 〉

- 小黃瓜　1根
  ＊也可以依個人喜好換成白蘿蔔、大頭菜、紅蘿蔔、高麗菜、大白菜等其他蔬菜
- 鹽　⅓小匙
- 鹽昆布　1小撮
- 紅辣椒（切小段）　少許

〈 **作法** 〉

1 以葡萄酒瓶或其他重物輕輕敲打小黃瓜，使其裂開，再剝成容易入口的長度（不用刀切較容易入味）。
※白蘿蔔切成扇形、大頭菜切成薄片、紅蘿蔔以削皮刀削出長薄片、高麗菜和白菜的話則大致切片。

2 將**1**放入塑膠袋，撒鹽之後封口，搓揉過後接著加入鹽昆布、紅辣椒，再次輕輕搓揉，盡量避免空氣進入袋中。放置大約5分鐘之後就吃得到好吃的醃小黃瓜。

MEMO

可以的話，最好前一天晚上醃製，
食用前拌入柴魚片更加美味！

以烤箱烤得酥脆的

洋蔥鑲豆皮

〈 材 料 〉

- 炸豆皮　1片
- 洋蔥（切薄片）　½顆
- 鹽、麻油　各少許
- 辣椒醬油（依個人喜好）　適量
- 紫蘇　1片

〈 作 法 〉

1 炸豆皮切成兩半，用筷子在炸豆皮上滾過，撐開中間做成口袋狀。

2 洋蔥放入調理盆裡，拌入鹽、麻油。 填入**1**之後，將邊緣摺起來，以牙籤固定。

3 放入烤箱，單面烤3 ～4分鐘至表面上色時，翻面再烤3 ～4分鐘（烤至一半便蓋上鋁箔紙，避免烤焦）。 烤好後取出，和紫蘇一起裝盤，沾辣椒醬油吃。

MEMO
包在豆皮裡面的洋蔥經過蒸烤之後，更能夠釋放出甜味。
因此慢慢烤熟是這道菜的美味關鍵。

炒蛋要鬆軟，祕訣看這裡！

番茄炒蛋

〈 **材料** 〉

- 番茄　1顆
- 雞蛋　2顆
- 鹽　½小匙
- 雞粉、砂糖　各1小撮
- 沙拉油　1大匙

〈 **作法** 〉

1 番茄切滾刀塊。
雞蛋在調理盆裡打散，加入鹽、雞粉、砂糖。

2 平底鍋裡倒入沙拉油，大火加熱，待鍋子變熱之後，一口氣將蛋液倒入，看到蛋液邊緣脹了起來，便可用筷子劃圈攪拌，在半熟的狀態下起鍋。

3 同一支平底鍋轉中火，放入番茄，煎到所有表面上色。

4 番茄炒熟，同時還保留原狀時熄火，倒入**2**的雞蛋，稍微拌炒之後即可起鍋裝盤。

平底鍋裡倒入多一點油，可以將蛋煎得更加鬆軟，這時候就不要管熱量的問題了！在半熟的狀態下（大約⅓的蛋液成固態時）起鍋。

番茄的表面煎上色，裡面也溫溫的，同時仍保持番茄的形狀。

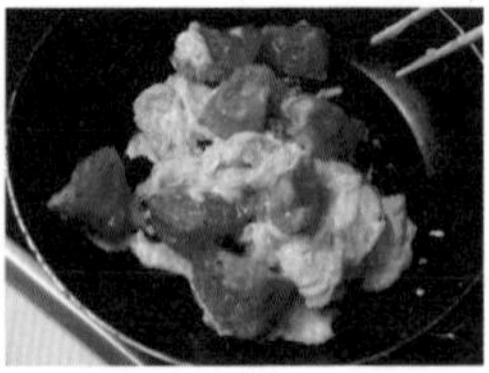

稍微拌炒一下即可起鍋。 如果感覺賣相不佳的話，再撒點細蔥末，立刻變得美味誘人（小聲說）。

冰箱裡空空如也，卻還是要喝上一杯。

相信大家都有過類似的經驗。 回家才換上居家服沒多久，

一回神發現手上已經拿著啤酒了。 這種情況下，絕對不想也不願意出門去便利商店，

更別提超市了。 可是……家裡食材少得可憐！！

這個時候，推薦大家這道「番茄炒蛋」。 打開冰箱，

看到番茄和雞蛋，這道菜幾乎就完成了（就是這麼快）。

只要5分鐘，輕鬆簡單，經常在我的夜晚小酌時刻登場。

這道菜原本是中國、台灣一直以來的家常菜，根本輪不到我來介紹。

但是這道菜要看起來簡單又好吃是有訣竅的，蛋得要炒得鬆軟濕潤，

番茄不僅要保持形狀，裡面不能冷冷的，且還得是軟綿多汁。

重點就是**「蛋炒至半熟前就先起鍋」。**

要是嫌麻煩，「就一鍋煮到底」的話，

保證失敗！（鐵口直斷）

鬆軟
濕潤♡

只要切一切，拌一拌就完成

土耳其沙拉

〈 **材料** 〉

- 番茄　½顆
- 小黃瓜　½根
- 洋蔥　¼顆
- 青椒　1顆
- 橄欖　2～3顆
- 紫蘇粉　少許
- 橄欖油、檸檬汁、鹽、胡椒　各適量

〈 **作法** 〉

1. 番茄、小黃瓜、洋蔥、青椒，各切成1cm的小丁。
2. 將**1**的食材和橄欖放入調理盆裡，拌入紫蘇粉、橄欖油、檸檬汁、鹽、胡椒即完成。

MEMO

土耳其的家常沙拉，可以直接食用，或者搭配肉類料理。當地使用的是一種稱為「鹽膚木」（sumac），帶有酸味的香料，食譜中則使用（味道相近的）「紫蘇粉」取代。

食用前記得淋上魚露

泰式荷包蛋佐香菜

〈 **材料** 〉

- 雞蛋　1顆
- 沙拉油　1大匙
- 魚露　少許
- 香菜（稍微切一下）　適量

〈 **作法** 〉

1. 取一較小的平底鍋，倒入沙拉油，開中火加熱。
2. 雞蛋打入鍋中轉小火。不蓋鍋蓋。加熱時蛋白會不斷冒泡，慢慢煎上色，待蛋黃煎到五分熟時裝盤。
3. 放上香菜，淋上魚露即完成。

MEMO

泰國的荷包蛋作法比較接近「油炸」，以大量的油來煎，蛋白口感酥脆，建議沾著半熟的蛋黃一起入口♡　淋上魚露立刻變身完美的下酒菜！

加入大量辛香菜！

生鮪魚拌皮蛋

〈 **材料** 〉

- 鮪魚生魚片（赤身或碎肉塊皆可）　60g
- 皮蛋　1顆
- 依個人喜好選擇辛香菜　適量
  ＊香菜、細蔥、生薑、茗荷、紫蘇等
- 醬油、黑醋、辣油、XO醬（有的話）　各適量

〈 **作法** 〉

1. 調理盆裡倒入醬油、黑醋、辣油、XO醬後拌勻。
2. 將鮪魚、皮蛋各切成1cm的小丁，放入調理盆，和**1**一起翻拌。
3. 將各式辛香菜切碎加入**2**裡，拌勻即可。

MEMO

濃縮了干貝和蝦米鮮味的XO醬，簡直就是魔法調味料（雖然有點貴！）。任何菜餚只要加上一匙XO醬，風味馬上多了許多層次，直接拿來配熱騰騰的白飯也是一大享受……如果手邊沒有XO醬也沒關係，只用醬油、黑醋、辣油，依舊美味！

利用家裡現有的食材即可

什錦涼拌豆腐

〈 材料 〉

• 豆腐（板豆腐或嫩豆腐都可）　½塊
• 家裡現有的食材　各適量
　＊茗荷、泡菜、吻仔魚、酪梨、小黃瓜等
• 蛋黃　1顆
• 個人喜愛的調味料（「醬油＋辣油」、「魚露＋檸檬汁」、「日式沾麵醬＋山葵」等）

〈 作法 〉

1 將豆腐掰成小塊放入碗裡。
2 顏色接近的配料錯開擺放在不同的區塊，錯落的色塊看起來更加美味誘人。
3 中間留一個凹洞，放上蛋黃，淋上調味料。
　一口氣拌勻之後開動了！

拌好就開動！

MEMO

配料分成①辛香菜類（細蔥、紫蘇、生薑、茗荷、香菜）②味道濃郁的食材（泡菜、明太子、鹽漬鮭魚、醬菜、佃煮）③新鮮蔬菜（小黃瓜、酪梨、番茄、 P.62的鹽漬紅蘿蔔絲），從上述三項中各選出至少1樣食材，就能吃到均衡絕妙的好滋味。

不油炸一樣好吃

長蔥春捲

〈 材料 〉

- 春捲皮　2張
- 奶油起司　20g
- 味噌　1小匙
- 長蔥（斜切成薄片）　⅓枝
- 橄欖油　2大匙

〈 作法 〉

1 春捲皮的一角朝向自己，靠近自己的⅓處塗上一半的味噌，然後擺上一半的長蔥。

2 一半分量的奶油起司掰成小塊，撒在春捲皮上，兩端摺進來之後往前捲，同樣的作法再重覆一次製作另一條春捲。

3 平底鍋裡倒入橄欖油，開中小火加熱，將春捲最後捲好的地方朝下放入鍋內煎至兩面呈現金黃色。

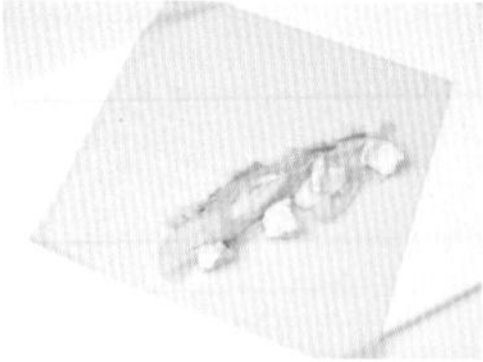

奶油起司加上味噌更加美味，但也可以單獨使用其中一樣。

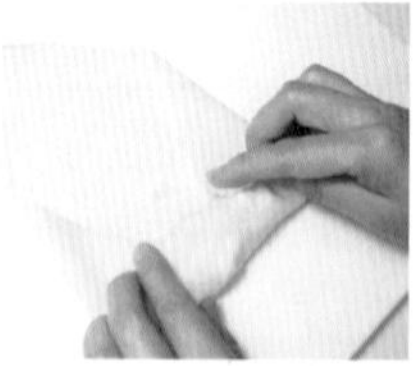

如果行有餘力，可以調一點太白粉水或麵粉水，塗在捲好的貼合處封好。

春捲皮很容易燒焦，煎的時候要特別留意，建議使用中小火。

我常買春捲皮，但是很少製作大家比較熟悉的正統中式春捲，
多只單獨包個長蔥充當內餡，偶爾也會換成其他食材，
例如：四季豆、青椒、酪梨、南瓜等，總之內餡只使用單一食材。
包新鮮蔬菜的春捲只需少量的油就可以煎熟。
（南瓜之類比較硬的蔬菜，建議先以微波爐加熱煮熟之後再來包。）
很神奇的是，**只是將蔬菜「用春捲皮包起來煎一下」就覺得很適合下酒。**

乾煎之後，包在裡面的蔬菜會釋放出更多的甜味。
如果嫌油煎麻煩的話，可以在表面塗上橄欖油，
送進烤箱烤，過程中留意不要烤焦就可以了。

這樣也行喔！

如果在裡面的餡料包了起司、火腿、水煮蛋之類的，吃起來更有飽足感，
包馬鈴薯沙拉或生薑燒肉也非常美味。
一次多做一點冷凍起來，省事又方便！
冷凍春捲不必退冰，直接放入平底鍋乾煎，稍微煎久一點就行了。

啪哩
啪哩

Hana
Column ①

可以保存1星期的辛香菜盒作法

蔥、紫蘇、茗荷、香菜、薄荷、蒔蘿、羅勒……
不管是日式、西式、還是中式料理，全世界都熱愛「辛香菜」。

即使是一道簡單的食譜，只要加上少許辛香菜，就有畫龍點睛的效果，
甚至加一點點還不夠，想要大口大口吃的時候，
最好就是順從欲望，在家自己用辛香菜做成下酒菜，愛吃多少都可以！
畢竟在外面餐廳點一道的「香菜沙拉」價格可不便宜！

問題是大部分的辛香菜如果處理不當，很快就會爛掉，
嚴禁「買回來未拆封就直接丟冰箱去」！
我的作法是買回家立刻存放在「辛香菜盒」裡面保存。

市面上買不到這種盒子，
因為它是利用手邊就有的密閉容器開發出來的終極保存法，
原理類似創造「一個稍微有些濕氣的空間」，
也許有人會覺得未免太小題大作了吧？但是請相信我，這麼做真的可以保存1星期。

這個保存盒的優點不只是實用性高，
而且還有令人賞心悦目的效果。
想像掀開廚房紙巾的瞬間，散發出各式各樣辛香菜的香氣，
是不是很棒！香到不行！超幸福！
各位辛香菜的死忠支持者一定要試試這個作法。

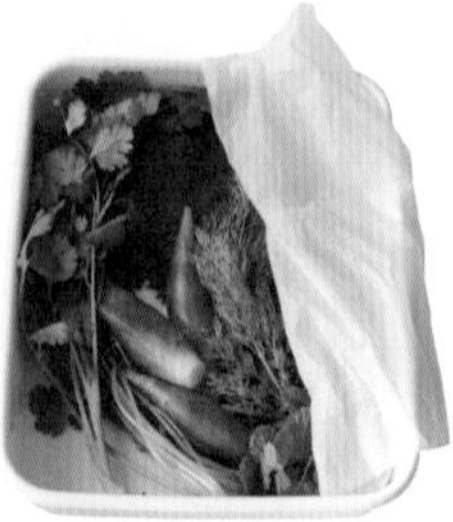

〈材料〉

1 密閉容器裡鋪上一層稍微沾濕的廚房紙巾。
2 放入辛香菜。
3 再蓋上一層稍微沾濕的廚房紙巾，蓋上蓋子，放進冰箱冷藏。

第2章

最近蔬菜吃得不太夠

御飯糰、義大利麵、三明治、蓋飯……

仔細想想，好像每天只吃澱粉，

於是開始焦慮再這樣下去會「蔬菜攝取不足！」，

為了求心安，只好靠果菜汁和便利商店的沙拉多少補給一下。

沒錯，外食族要攝取蔬菜確實很不容易！

所以我在家小酌時會刻意多做點蔬菜類下酒菜，

自己做的健康又安心，且和外食比起來，更是物美價廉，吃再多也沒問題！

今晚一起來大口吃菜大口喝酒吧！

大口吃菜！

韓式蔬菜盤

〈 材 料 〉

◎韓式鹽漬蔬菜
- 白蘿蔔　⅙根
  ＊也可用小黃瓜或大頭菜
- 鹽　1小匙
- 蒜泥　少許
- 麻油　1小匙
- 芝麻　適量

◎韓式水煮蔬菜
- 韭菜　1把
  ＊也可用菠菜或豆芽菜
- 醬油、醋　各1小匙
- 麻油　½小匙

◎韓式炒蔬菜
- 紅蘿蔔　1根
  ＊也可用青椒或綠苦瓜
- 鹽　1小撮
- 麻油　1小匙
- 芝麻　適量

〈 作 法 〉

◎韓式鹽漬蔬菜

1 白蘿蔔刨成細絲，撒上鹽，靜置10分鐘左右擰乾。
2 加入蒜泥、麻油、芝麻拌勻即完成。
(memo) 若使用小黃瓜也是刨成細絲，
大頭菜則切成半月形薄片。

◎韓式水煮蔬菜

1 韭菜汆燙之後攤開放涼（菠菜則泡冷開水），
擰乾之後切成4cm的長段。
2 取一調理盆，放入**1**，加入醬油、醋、麻油拌勻即完成。
(memo) 若是用豆芽菜，鋪於鍋底，倒入水淹至約1cm，
蓋上鍋蓋，開火加熱，水滾後將豆芽菜上下翻面，
再繼續加熱1分鐘後將豆芽菜撈起，瀝乾，調味即可。

◎韓式炒蔬菜

1 紅蘿蔔刨成細絲。
2 平底鍋裡倒入麻油，開火加熱，倒入**1**拌炒，
撒上鹽、芝麻即完成。
(memo) 若使用青椒同樣切成細絲，
綠苦瓜則切成半月形薄片。

「只想吃蔬菜！而且是大口大口吃！」

這時候，第一個想到的就是韓式蔬菜。只要1種蔬菜也成，
味道簡單，還能一次吃很多，真的要感謝韓國媽媽們！！（嗯？）

新鮮蔬菜體積大，生食的話吃不了太多，
但是經過「鹽漬」、「汆燙」、「熱炒」，體積縮水之後，一下子就變得容易入口。
雖然一樣都是韓式小菜，但是每一道的烹調方式不盡相同，
唯一的共同點就是用到麻油。或許有人覺得韓式炒紅蘿蔔
「不就是一般的炒紅蘿蔔嗎？」但是加了麻油就成了「韓式」的作法啊。

大家都知道韓國人愛吃烤肉，
但其實韓國是世界上少數幾個「最愛吃蔬菜的國家」之一。
每次去到韓國，吃飯時餐桌上豐富的蔬菜總是令人印象深刻，
於是心懷感激地向他們學習大量吃菜的智慧！

也可做
韓式蔬菜拌飯！

適合用來涼拌葉菜的美味醬料

蜂蜜紫蘇梅味噌拌青菜

〈 **材料** 〉

- 菠菜 ½把
  ＊也可用小松菜、韭菜、茼蒿
- 梅乾（中） ½顆
- 蜂蜜 ½小匙
- 味噌 ½小匙

〈 **作法** 〉

1 梅乾去籽，果肉剁成泥，和蜂蜜、味噌一起放入調理盆裡拌勻成醬。

2 菠菜汆燙後過冷開水降溫，擰乾（小松菜、韭菜、茼蒿則不需過水，直接攤開放涼後擰乾）。切成容易入口的長度，拌入1即完成。

MEMO

這款調味醬很適合搭配葉菜類，讓人忍不住多吃好幾口！
請依梅乾的鹹度斟酌味噌用量。 也很適合帶便當。

咖哩粉超好用！

咖哩燉菜

〈 **材 料** 〉

◎馬鈴薯X秋葵燉菜

- 馬鈴薯（切丁後泡水） 1顆
- 秋葵（切成1cm厚片） 3根 • 檸檬 ¼顆

◎茄子X甜椒燉菜

- 茄子（切丁後泡水） 1根
- 甜椒（切成1cm小丁） 1/2顆

共同材料 • 沙拉油 ½大匙
• 薑（切碎） ½小塊 • 洋蔥（切碎） ¼顆
• 水 50ml • 鹽 ⅓小匙 • 咖哩粉 1小匙

〈 **作 法** 〉

1. 平底鍋裡放入沙拉油、薑末，小火加熱，爆香後放入洋蔥，拌炒至顏色變透明。
2. 各別加入主要的蔬菜拌炒（馬鈴薯X秋葵、茄子X甜椒），加水和鹽，蓋上鍋蓋燜煮。
3. 煮至蔬菜變軟之後，轉大火邊將水分收乾，邊加咖哩粉拌炒，再以鹽調味。
4. 馬鈴薯X秋葵燉菜裡倒入檸檬汁即可起鍋。

MEMO 依照個人喜好可選擇其他不同蔬菜，作法相同。白花椰菜、四季豆、紅蘿蔔、大頭菜、南瓜、高麗菜、豌豆都非常適合。

輕輕鬆鬆吃下一整顆菜！

生菜包豬肉鬆

〈材料〉

- 豬絞肉　80g
- 細蔥（長蔥也可以）$\frac{1}{3}$把
- 大蒜（切碎）$\frac{1}{2}$瓣
- 沙拉油　$\frac{1}{2}$大匙
- 辣椒（切小段）　少許
- 醋　少許
- 鹽　少許
- 萵苣（依個人喜好，陽光萵苣、西生菜等）　適量

〈作法〉

1 平底鍋裡放入沙拉油、蒜末，開小火加熱，爆香後放入辣椒、豬絞肉拌炒。

2 加鹽調味，淋上醋後再繼續翻炒。

3 撒上蔥花，起鍋盛盤即完成。以生菜包著吃。

肉先煎至表面酥脆再翻拌，過多的豬肉味便會在過程中消去。

大膽地淋上一圈醋，不要猶豫！接著翻炒，嗆鼻的酸味消失即可熄火。

細蔥是重要的配角。餘溫會使細蔥縮水，建議多加一點！

即使想要多吃點新鮮蔬菜，卻吃不了太多的沙拉，

為什麼一顆萵苣怎麼吃都吃不完，煩死了，我又不是倉鼠！

但如果搭配肉類一起，竟然吃到欲罷不能。

就像韓式烤肉搭配生菜的吃法，

建議試試這道「豬肉鬆」。

加入大量細蔥的豬絞肉炒得噴香，用生菜包著吃，

保證一整顆菜一下就吃光光！

祕訣就在於起鍋前記得淋一圈醋。

相信很多人不喜歡醋的嗆鼻酸味，

其實只要加過熱，醋的酸味會自然消失，

只留下香醇的風味。有多不酸呢？

倒了一大匙，還是吃不出裡頭加了醋。 驚人！

即使豬絞肉滿滿的飽足感和濃郁的醇味，有醋幫助去油解膩就沒問題。

美味滿點!

煎過後鬆鬆軟軟！

香煎根莖蔬菜

〈 **材料** 〉

- 依個人喜好選擇根莖類蔬菜
  愛吃多少都可以
  ＊蓮藕、紅蘿蔔、牛蒡、
  白蘿蔔、山藥等
- 南瓜　適量
- 大蒜　1瓣
- 橄欖油、鹽　各適量

〈 **作法** 〉

1 根莖類蔬菜、南瓜連皮切成8mm左右的薄片。
大蒜切半後壓碎。

2 平底鍋裡倒多一點的橄欖油
和大蒜，開小火加熱。

3 根莖類蔬菜、南瓜鋪放在鍋裡，
蓋上鍋蓋，油煎至中間熟透、
兩面焦香時，撒上鹽即可享用。

MEMO

一定要使用大量的橄欖油和大蒜，
並且將厚切的蔬菜煎至熟透。
只簡單煎一下，就能吃出蔬菜本身的美味。

緩緩蒸煮更顯甜味

整顆高麗菜燉豆

〈 **材料** 〉 **容易製作的分量**

- 高麗菜　1顆
- 綜合豆類（水煮豆罐頭）　1罐
- 大蒜（切碎）1瓣
- 孜然粉　1小匙
- 橄欖油　2大匙
- 白酒（或日本酒）　200ml
- 鹽　1小匙
- 優格　適量

〈 **作法** 〉

1 取一厚鍋放入橄欖油、蒜末、孜然粉，
開小火加熱。爆香後，放入綜合豆、鹽，迅速翻炒。

2 放入切成4等份的高麗菜，淋上白酒，蓋上鍋蓋蒸煮。
過程中不時替高麗菜翻面，以小火慢慢將高麗菜蒸熟。

3 稍微拌一下之後起鍋盛盤，
淋上橄欖油（分量外）、優格即完成。

MEMO

不使用香辛料，沾醋醬油吃也很美味。
慢慢蒸煮至食材顏色變淡時起鍋，吃起來味道更香甜。
一次蒸整顆高麗菜，吃不完加水煮滾後再調味，便可做成味噌湯等湯品。

Hana Column ②

活用蒸籠烹調蔬菜與市售燒賣

「除了大量蔬菜以外，也想吃點肉或魚。」
「實在沒力氣從頭自己煮，但又不想隨便吃。」

這時，方便實用的烹調器具「蒸籠」就是最佳幫手，
簡直就是救世主，可以滿足吃得健康又可以偷懶的願望。
吃得到大量蔬菜，不費力又美味，
最重要的是，還可以保持心情愉悅！！！

我建議的作法是用蒸籠，舖上烘焙紙，
放上自己喜歡的蔬菜＋市售的燒賣或熟食一起蒸熟。
蒸籠的水蒸氣高溫可以一次將所有東西蒸熟，
最適合「回到家30分鐘內立刻開飯」的作戰情況。

我的基本作法是將南瓜、花椰菜、秋葵、高麗菜等蔬菜
切成適當的大小，再擺上幾個燒賣，全部排列整齊，
一回家立刻放上瓦斯爐開小火，就在我換衣服卸妝完畢時，
食物也差不多蒸熟了！（還是要隨時注意一下爐火！）（汗）
蒸好後，沾柚子醋＋橄欖油或辣椒醬油等一起吃。

［關於蒸籠］
我用的是在中菜烹飪器具專門店「照寶」買到的蒸籠。
這家店位於橫濱的中華街，去逛街順便買，聽聽老闆介紹使用方法，
其實蠻有趣的。如果買了蒸籠，建議連「蒸板」也一起帶。
有了蒸板，蒸籠就可以搭配各種尺寸的鍋子使用，
非常方便！它可是名列本人「至今買過，
超好用烹飪器具」排行榜的前10名。

照寶
橫濱市中區下町150番（中華街大通中央）
TEL 045-681-0234
11:00-21:00 全年無休

第3章 讓我吃肉！

我愛喝酒，同樣也愛吃肉。
在家小酌時，通常會配雞肉或豬肉，偶爾出現牛肉或羊肉。
在外頭吃「烤肉」、「牛排」是不錯，
可是在家喝一杯老是配蔬菜未免太寒酸，
因此我發現自己總是不斷地在思考如何做出
「別出心裁的肉類下酒菜」。
從調味、溫度、烹調方法到擺盤，
只需掌握一點小訣竅，
平凡的肉類也可以變成一道道「讓人一杯接一杯的下酒菜」。

忘掉家政課學過的作法

軟嫩的茗荷拌豬肉

〈材料〉

- 豬里肌火鍋肉片　100g
  ＊也可用口感較硬的豬前腿肉片
- 茗荷（切成薄片）　2顆
  ＊也可以依個人喜好選擇細蔥、紫蘇、芹菜、香菜等辛香菜
- 酸桔醋　1大匙
- 橄欖油　½大匙
- 蒜泥　少許

〈作法〉

1 鍋裡煮水沸騰後，轉小火，水面不會一直有泡泡冒出的程度。將豬肉一片片攤開入鍋涮煮，肉片變色後立刻撈起平放在竹籃濾網上。

2 將肉片在竹籃濾網上一片一片攤開放涼，絕對不要放進冰水冰鎮。

3 取一調理盆放入酸桔醋、橄欖油、蒜泥調合後，再加入**2**和茗荷，拌勻即完成。

火力轉小到水面不會冒泡泡，豬肉片快速涮兩下。

豬肉片絕對不要過冰水，在竹籃濾網上攤開放涼即可。

小時候，我家裡的餐桌上常出現一道「涼拌涮豬肉」。
作法是將豬肉片汆燙後，過冰水冷卻，最後淋上芝麻醬。
我其實非常討厭這道菜！（母親大人，對不起！）

豬肉一進滾燙的熱水裡，瘦肉的部分立刻縮水，
撈起後再丟入冰水，肥肉的部分瞬間變硬。
在學校的家政課裡也是教這種煮法，
卻讓我覺得經歷了水深火熱的豬肉片真的好可憐。

長大之後，學會做涼拌涮豬肉，
才懂得這道菜的精髓，
原來涼拌涮豬肉這麼好吃！！
祕訣在於汆燙的溫度和冷卻的方式。
做起來很簡單，只要掌握小細節，
留意這兩點，就可以吃到更上一層樓的美味。

33 軟嫩的茗荷拌豬肉

一次享受兩種口味

香煎雞翅

〈 材料 〉

- 雞翅　6隻（鹽味3隻、醬油味3隻）

〔醃料①〕

- 酒　1大匙
- 鹽　1小匙
- 蒜泥　少許

＊烤好時擠上檸檬（或酸橙）　適量

〔醃料②〕

- 酒、醬油、味醂　各1又½小匙

＊烤好時撒上山椒粉（或七味粉）

〈 作法 〉

1 將雞翅攤開，從關節處將切下前翅（利用菜刀刀刃的底部抵住關節，用力一壓，很輕鬆就切開了）。

2 保留雞翅中段，以叉子戳幾個洞，比較容易入味。

3 透明塑膠袋裡分別放入3隻雞翅，各自調味。 如果可以放進冰箱冷藏一個晚上最好，沒有時間的話，醃上15分鐘就可以。

4 放入烤魚盤（平底鍋、烤箱也可），將雞翅兩面煎熟。 鹹甜醬油口味容易焦掉，可以視情況包一層鋁箔紙。 煎好後分別擠上檸檬汁、撒上山椒粉即可享用。

MEMO

1切除的翅尖不要丟掉，可以加水煮成雞高湯，用來煮泡麵，
味道可不輸外面的拉麵店！

要吃時攪取半熟蛋黃

紅醬焗蛋

〈 材料 〉

- 豬牛混合絞肉（牛肉或羊肉都可以） 100g
- 洋蔥（切碎） ½顆
- 番茄糊（有的話） ½大匙
- 番茄（切成大塊） 1顆
- 橄欖油 1大匙 ・鹽 1/2小匙
- 白酒（或日本酒） 50ml
- 孜然粉 1小匙 ・蛋 1顆
- 粗粒辣椒粉（依個人喜好） 適量

〈 作法 〉

1 平底鍋裡倒入橄欖油，開中火加熱，放入洋蔥拌炒，炒至洋蔥變透明時，加入絞肉一起拌炒，再倒入番茄糊。

2 加入番茄、鹽、白酒、孜然粉，燉煮5～10分鐘左右，打上蛋，蓋上鍋蓋，依個人喜好的蛋黃熟度決定起鍋時機。最後撒上粗粒辣椒粉即完成。

蛋黃汩汩流出

MEMO

簡單而富有異國風情的一道簡單燉煮，
很適合搭配紅酒。
配麵包或淋在白飯上，都非常好吃。

多了奶油，香味更濃郁

蠔油奶油炒牛肉

〈 **材料** 〉

- 牛炒肉片　120g
- 酒　1大匙
- 太白粉　1小匙
- 蠔油　1大匙
- 長蔥（斜切成厚片）　1枝
- 沙拉油　½大匙
- 奶油　1小匙
- 黑胡椒　適量

〈 **作法** 〉

1 取一調理盆放入牛肉、酒、太白粉、蠔油，搓揉均勻。
2 平底鍋裡倒入沙拉油，開火加熱，放入長蔥稍微煸炒。
3 加入1的牛肉一起翻炒，牛肉大致熟了，便放入奶油，使其融入食材中。
4 起鍋盛盤，撒上黑胡椒即完成。

MEMO

蠔油＋奶油的驚人組合，讓人不禁想要再來一碗白飯。
誘人的調味，適合配上大量的長蔥，建議搭配加冰塊的燒酎。

越大鍋越好吃

越南風味紅燒肉

〈 材料 〉 容易製作的分量

- 豬五花肉（整塊・切成稍大的肉塊） 400g
- 砂糖、水 各2大匙

A ［ 魚露 1大匙
　　醋 2小匙

- 水 2杯 ・辣椒 1枝
- 椰奶 100ml
- 水煮蛋 4顆
- 香菜 適量

〈 作法 〉

1 取一較厚的鍋子放入砂糖和水，開小火加熱，煮至沸騰，顏色變咖啡色時熄火。 加入A攪拌之後，放入豬肉塊，使其均勻浸泡在醬汁裡，再次開火加熱。

2 待豬肉表面變色，再加水、辣椒，蓋上鍋蓋，慢火燉1～2小時，煮到肥肉變軟。

3 熄火後靜置一整晚，以湯匙刮掉表面凝固的油脂。 加入椰奶、水煮蛋，加熱至沸騰時，立刻熄火放涼（直接吃也可以，放冷後，水煮蛋會更入味）。

4 起鍋盛盤，點綴上香菜即完成。

MEMO
越南餐廳裡一定會有的一道菜。
加了椰奶和魚露，充滿了異國風味的紅燒肉吃來新奇又美味！

用微波爐煮依然多汁

清蒸雞胸佐蒜味優格醬

〈材料〉

- 雞胸肉　1片（350g）
- 太白粉　½小匙
- 酒　3大匙

〔蒜味優格醬〕

- 優格（無糖）½盒（200g）
- 蒜泥　少許
- 鹽、黑胡椒　各適量
- 個人喜愛的生菜（番茄、紫色洋蔥等）

〈作法〉

1 咖啡濾杯裡舖上濾紙（或濾網舖上廚房紙巾），倒進優格，蓋上保鮮膜，放入冰箱冷藏3小時～一個晚上，瀝出水分，再拌入蒜泥、鹽。

2 雞胸肉撒上太白粉，雞皮朝下放入耐熱容器裡，淋上酒，輕輕包覆保鮮膜。

3 放入微波爐加熱4分鐘，翻面之後再加熱3分鐘；不掀起保鮮膜，靜置放涼。

4 將蒸熟的雞肉切成容易入口的薄片，和**1**、生菜一起擺盤，撒上現磨黑胡椒即完成。

輕輕蓋上保鮮膜，微波爐加熱。若有薑片、蔥綠也可擺在雞肉。

利用咖啡濾杯將優格的水分瀝乾。瀝出的水量不少，下面要使用大一點的杯子接住。

用微波爐做料理，看似方便，其實很困難。

有時加熱不平均，有時不小心加熱過頭，而且從外面無法看到料理的變化。

即使如此，我覺得微波爐還蠻適合用來做清蒸料理。

尤其是雞肉，只要抓到訣竅，煮出來的肉質會超軟嫩。

若是做清蒸雞，我最推薦的是

土耳其料理常見的「蒜味優格醬」！

作法是

1) 優格以濾網瀝一晚去水分 2) 拌入蒜泥和鹽，完成！

就這麼簡單，配上清蒸白切雞，便是適合**配葡萄酒的最佳組合。**

而且擺起來十分精緻漂亮，再佐以烤蔬菜也很棒。

如果想要馬上吃的話，

直接用無糖優格製作（雖然有點水水的，但是味道還是很好），

或者乾脆換成「醬油＋麻油＋黃芥末醬」等，就變身成為和風清蒸雞。

感覺有點
高級♡

Hana
Column ③

冰箱有它就沒問題! 製作下酒菜的萬用食材

單身獨居者的冰箱是一個自由空間，有別於「每天得料理全家三餐」的家庭煮夫/婦，可以隨意放自己喜歡的食物，但也經常會一不小心發生「這兩個星期沒去採買，眼看就要斷糧了」的狀況。

家裡有酒，卻沒有下酒菜！應該沒有比這更慘的事情了！（有下酒菜沒酒更是悲劇！）建議平時就要備好「可以直接吃，或者簡單調理後，搖身一變成下酒菜」的萬用食材。

奶油起司

◎撒上柴魚片、
淋上醬油，做成涼拌起司
◎與清蒸雞肉、小黃瓜，或是水果拌成
沙拉

油漬沙丁魚

◎拉開蓋子，直接放在爐火上加熱，
淋上醬油＋芥末醬即是一道菜
◎魚肉搗碎後擠上檸檬，和切成薄片
的洋蔥一起涼拌

吻仔魚

◎和細蔥一起撒在豆腐
或納豆上面，立馬就做出一道下酒菜
◎裹上天婦羅麵糊，利用少許的油做成
小煎餅

泡菜

◎與麻油和大量的細蔥
一起混拌，盛盤後擺上
一顆蛋黃即可食用
◎和鮪魚罐頭一起拌炒，
以紫蘇或烤海苔包起來吃
◎和豆腐一起稍微燉煮

水煮豆
（將乾燥鷹嘴豆
一次煮好冷凍）

◎剛煮好之後淋上橄欖油，加點鹽
◎和蔬菜丁拌一拌便成了沙拉
◎搗碎，加油、白芝麻，做成豆泥

香菜

◎加橄欖油、醋、醬油，
拌一拌便是一道沙拉
◎切碎後與麻油、黑醋同拌，
用來搭配生魚片或白灼豬肉
◎切碎後拌進馬鈴薯沙拉

日式豆皮

◎進烤箱烤過，
切成細絲，淋上酸桔醋
◎切成兩半，撐開成一個小口袋，打入生雞蛋，
以牙籤封口，放入沾麵醬汁做的滷汁，滷至
入味。

竹輪

◎將起司或小黃瓜
塞進中間的空洞，切成容易入口的大小
◎切成薄片，加點油拌炒，最後再撒上咖哩粉
◎切碎作為日式煎蛋的配料

第4章

也想吃魚！

獨自小酌時也可以做點魚類下酒菜……
等等！不要怕，別縮手，
不是叫你從頭殺一條魚，
直接買魚片回來料理其實也沒那麼難，
就連沙丁魚，只要逮住超市的店員，
告訴他預計烹調的方式，就可以請他幫忙去除內臟。
料理研究家有元葉子曾在書中提到：
「日本的海鮮是世界上最美味的」，
我也這麼覺得！

淋上滾燙的麻油！

清蒸鮭魚

〈 **材 料** 〉

- 新鮮鮭魚　1片
- 酒　1大匙
- 薑片　2～3片
- 個人喜愛的辛香菜
  （長蔥、紫蘇、茗荷）　各適量
- 麻油　1大匙
- 醬油　適量
- 柑橘類（醋橘、酸橘、檸檬等）　適量

〈 **作 法** 〉

1 耐熱盤裡放入新鮮鮭魚，淋上酒，放上薑片，輕輕覆蓋上保鮮膜，放進微波爐加熱1～2分鐘。

2 鮭魚片擺上大量的辛香菜，另外拿一只小一點的平底鍋，倒入麻油，開小火加熱。

3 麻油加熱到微微冒煙時熄火，淋在辛香菜上，再淋上醬油，擠上柑橘類果汁即完成。

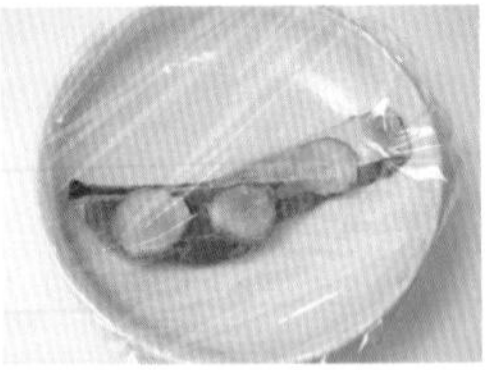

覆蓋保鮮膜時，裡面保留一些空氣，可以讓蒸氣在裡面循環。如果還有力氣的話，除了薑片，也可以切點蔥綠放上去一起蒸。

豪氣地將沸騰的麻油淋在辛香菜上，不僅香氣逼人，也可去魚腥味。

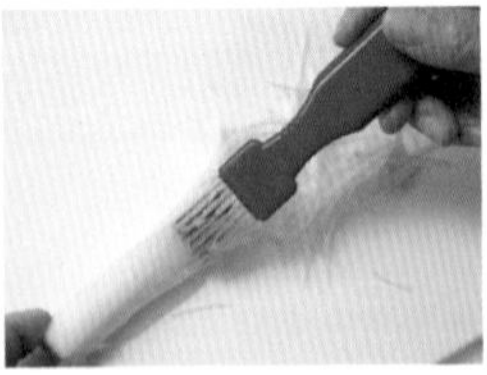

蔥絲建議用百圓商店賣的「蔥絲刨刀」！在長蔥表面劃上幾刀，立刻刨出一堆蔥絲，非常方便！

「清蒸魚」給人的印象是道高級料理，但其實烹調方式很簡單，

不過就是**「用平底鍋將麻油加熱，一口氣淋在蒸好的魚和辛香菜上面」**而已。

這是中菜的傳統技巧，非常簡單，但給人的感覺非常專業。

當初在朋友家裡的宴會上看到她表演這招時，不禁「哇！」地一聲十分驚豔。

平時一個人小酌時，不妨為自己製造一點小小的娛樂！

當然可以用蒸籠來蒸魚是最理想的，**不過自己在家獨飲時，用微波爐比較省事。** OK！

新鮮鮭魚、鱈魚、鱸魚的切片都很適合做這道菜，

特別是新鮮鮭魚，和鹽漬鮭魚不一樣，烹調後肉質較乾，

多了淋油這一道功夫，吃來口感就軟嫩多了。

微波蒸魚好吃的要竅是淋上一點酒（去魚腥，加熱後還可變成蒸氣循環），

以及**輕輕覆蓋保鮮膜，讓裡面保留一點空氣。**

小心不要加熱過久，否則一不小心魚肉會變得硬梆梆。

淋上滾燙
的麻油！

美味關鍵是橄欖油和香菜！

葡式香烤沙丁魚

〈 **材料** 〉

- 沙丁魚　2尾
- 鹽、黑胡椒、橄欖油　各適量
- 馬鈴薯、檸檬、香菜
  愛吃多少放多少

〈 **作法** 〉

1 馬鈴薯切成易入口的大小，煮至鬆軟。 香菜切成容易吃的長度。

2 沙丁魚去除內臟，沖水洗淨，擦乾後撒鹽，以烤魚盤將兩面烤熟。 葡式烤魚的特色就是整隻連魚頭一起烤。（在超市買的話，我會請銷售人員幫我「去除內臟就好，魚頭要留下來」）。

3 1、 2盛入盤中，淋一圈橄欖油，撒上現磨黑胡椒，擠上大量的檸檬即完成。

MEMO
葡萄牙也和日本一樣，餐桌上經常出現「鹽烤沙丁魚」。
檸檬和香菜是當地的必備食材，淋上大量的橄欖油也是葡式作法。

粉紅色醬菜超吸睛

義式生魚片佐紅紫蘇醬菜

〈 **材料** 〉

- 白肉生魚片
  （鯛魚、比目魚等）　100g
- 紅紫蘇醬菜（切碎）　20g
- 蔥花、橄欖油、醬油、
  個人喜愛的柑橘類　各適量

〈 **作法** 〉

1 生魚片先擺盤。

2 撒上紅紫蘇醬菜、蔥花，淋上橄欖油、醬油，擠上柑橘汁即完成。

手邊沒有紅紫蘇醬菜，用其他醬菜代替也可以，
主要是取醬菜鹹鹹的味道和爽脆的口感，
使這道下酒菜吃來層次更豐富！醬油只要一點點，橄欖油可以多淋一些。

只包蝦仁，吃來爽脆彈牙

炸鮮蝦餛飩

〈材料〉

- 鮮蝦　3～4尾
- 鹽　1小匙
- 太白粉　1大匙
- 酒　2大匙
- 魚露　1小匙
- 餛飩皮　6張
- 麵粉水　少許
- 炸油、甜辣醬、香菜（稍微切碎）　各適量

〈作法〉

1 鮮蝦剝殼去腸泥，切成大塊（嫌麻煩的話，可以使用冷凍蝦仁），放入調理盆，撒上鹽、太白粉後輕輕搓揉，再以清水沖洗乾淨，用廚房紙巾吸乾水分。

2 將酒、魚露加入**1**，再次輕輕搓揉後包進餛飩皮裡，邊緣沾點麵粉水固定封口。

3 取一平底鍋，倒入約1cm高度的油，放入**2**炸至酥脆後起鍋盛盤，佐上甜椒醬和香菜即完成。

MEMO

蝦仁切大塊一點，咬起來口感更加爽脆。
蝦仁也可換成新鮮扇貝，同樣切成大塊，從步驟**2**開始，調味之後，包在餛飩裡面，也是稍微炸過即可，不同於蝦仁的口感，吃起來滑順甘甜，也很美味！

適合搭配日本酒或葡萄酒

新鮮扇貝拌梅子泥

〈 **材 料** 〉

- 新鮮扇貝
（生食等級，切丁） 100g
- 梅子(去籽，剁碎） 1顆
- 橄欖油 ½小匙
- 紫蘇(切絲） 適量

〈 **作 法** 〉

1 取一調理盆放入梅肉、橄欖油，拌勻。

2 放入新鮮扇貝，拌勻後盛盤，佐上紫蘇即完成。

MEMO

新鮮扇貝軟嫩的口感最適合搭配梅肉，
淋上少量的橄欖油，就成了一道下酒菜，跟日本酒很搭，與葡萄酒也很合拍。

也很適合帶便當！

青甘魚西京燒

〈 **材料** 〉

- 青甘魚　1片
- 味噌　½大匙
- 酒　1大匙
- 蒜泥　少許
- 白蘿蔔泥　適量

〈 **作法** 〉

1. 青甘魚撒上多一點鹽（分量外），靜置5分鐘左右，清水洗淨之後，以廚房紙巾擦乾。
2. 塑膠袋裡放入味噌、酒、蒜泥，搓揉均勻後放入1，擠出裡面的空氣，封口綁緊。
3. 靜置30分鐘至一整晚，擦掉表面的味噌，以烤魚盤（或倒入油的平底鍋），烤熟後盛盤，佐上白蘿蔔泥即完成。

MEMO

早上將魚肉醃好，回家就可以立刻料理，
可以當作下酒菜之外，也很適合帶便當。
除了青甘魚，也可用鱈魚、鮭魚來做這道西京燒。

第5章

水果配汽泡酒或白酒！

我小時候不喜歡吃水果。
要我自己拿水果來吃是不可能的，
如果已經削皮去籽、上面還插好竹籤的話，
也許還可以勉為其難地吃幾口（你以為你是誰啊！）。
不過當我開始喝酒之後才明白
「酒和水果，原來超級對味！」
加點起司和油，立刻變成為美味的下酒菜。
特別是搭配汽泡酒或白酒，根本讓人一杯又一杯～
學會這些水果下酒菜，保證葡萄酒庫存馬上清光。

口感相似的食材大集合！

甜柿大頭菜生火腿沙拉

〈材料〉

- 甜柿（無籽） 1顆
- 大頭菜（大） 1顆
- 生火腿 2片
- 橄欖油、白酒醋、鹽、黑胡椒 各適量

〈作法〉

1 甜柿和大頭菜削皮後切成兩半，再切成厚約5mm的薄片。

2 取一調理盆放入**1**、撕成小塊的生火腿、橄欖油、白酒醋、鹽、黑胡椒，全部拌在一起。
＊如果還有力氣的話，可以將大頭菜的莖氽燙，切成5mm長，一起拌入更增色！

甜柿和大頭菜切成相同的大小，口感接近但味道不同，增添品嚐時的樂趣。

甜柿和大頭菜，加上生火腿，
第一次吃到這種組合不是在法國餐聽，也不是義大利餐廳，而是居酒屋。
這家居酒屋的酒單以日本酒為主，當時我坐在吧台位，
吃著裝在大碗裡的涼拌菜（而非沙拉），心裡受到巨大衝擊……

不會太軟也不會太硬的甜柿，和切成同樣大小、清爽的大頭菜，
再加上生火腿的鹹味和甘醇，成了絕妙組合。
甜柿和大頭菜的相近口感帶來新鮮的樂趣，
以及將它們完全結合在一起的油醋也不容小覷，整體讓人印象深刻。

只要把握住這個組合的原則，接下來只要把食材切好拌在一起，就完成了！
除了日本酒以外，跟葡萄酒也很搭，
是一道秋天才吃得到的水果沙拉。

走成熟路線
的下酒菜

西西里島的傳統沙拉

西西里風開心果柳橙沙拉

〈材料〉

- 開心果（帶殼）　20粒
- 橄欖油、白酒醋、薄荷、鹽、胡椒　各適量

〈作法〉

1 柳橙以菜刀削皮，切滾刀塊。開心果剝殼後，稍微壓碎。

2 取一調理盆放入柳橙、橄欖油、白酒醋、用手撕成小片的薄荷、鹽、胡椒，全部拌在一起。

3 盛盤，撒上開心果即完成。

像削蘋果皮一樣，削皮之後，滾刀切小塊。表面白膜吃來苦苦的，建議削皮時削厚一點，把白膜一起削掉。

柳橙是西西里島的名產，
當地的人經常做成沙拉食用。
加入「鹽漬紅蘿蔔絲（P.62）」拌在一起也很美味！

加上起司烤一下即完成

古岡左拉起司焗無花果

〈 **材料** 〉

- 無花果　1顆
- 古岡左拉起司(Gorgonzola)　60g
- 橄欖油　1小匙

〈 **作法** 〉

1 無花果連皮切成兩半，放入耐熱容器。

2 古岡左拉起司剝成小塊，撒在無花果上，
淋上橄欖油，放進烤箱，焗烤至表面上色即完成。

MEMO

熱呼呼的無花果，覆蓋著融化的起司，跟葡萄酒超搭！
作法簡單，無花果切成兩半之後稍微調味送進烤箱烤就完成，
不知不覺家裡的葡萄酒都喝光光。
起司也可用卡芒貝爾起司。

培根的鹹味最下酒

葡萄香煎培根

〈 **材料** 〉

- 無籽葡萄　100g
- 培根　40g
- 黑胡椒　少許

〈 **作法** 〉

1 葡萄對半剖開，培根切成厚約5mm的小片。

2 取一平底鍋，放入培根，開小火加熱，翻炒至培根出油。

3 葡萄切面朝下，放入平底鍋底，煎至熟透後與培根翻拌在一起，起鍋盛盤，撒上黑胡椒即完成。

MEMO

葡萄連皮，切面朝下加熱，果肉會變得軟糯，再加上吸附培根的油脂，吃起來十分夠味，培根本身就有鹹味，不必再另外加鹽。

Hana
Column ④

只要日幣1000圓，在家也可以喝到美味的酒!

在家小酌，主要選擇的酒類有啤酒、 HOPPY
(編按：一種麥芽發酵飲料與燒酎調和的酒精飲料)、
葡萄酒、乙類燒酎、日本酒……總之什麼都喝。
但是因為每天喝，價格總不能太貴。
眾所皆知價差最大的就屬葡萄酒，
有一瓶價格500圓的便宜貨，也有超過10000圓的極品。

個人在家小酌通常選擇1000圓上下的酒.
2000圓的適合與朋友一起分享， 3000圓以上的酒適合重要場合。
即使預算有限，我可不想放棄喝好酒的權利，當然更不想踩到地雷，
這時才發現自己對酒懂得實在太少，心中只有兩個字～懊惱！（真的）

不過請放心，雖然我不懂酒，卻知道買酒的訣竅，
很簡單，「直接問店員」。
賣葡萄酒的人＝「無可救藥的葡萄酒愛好者」，
一逮到機會就想向人介紹葡萄酒；只要聊到葡萄酒，眼睛都會發亮。

我幾乎很少聽過賣酒的人説「便宜的酒不好喝」、
「對不懂酒的人解釋再多，也只是對牛彈琴」。
只要告訴他們當天的菜色「今晚會做春捲」、「想找一款搭配水果沙拉的酒」，對方一定很樂意幫忙找出符合預算的好酒。

在大賣場或便利商店也買得到的智利鑑賞家酒莊(Cono Sur Vineyards & Winery)，很少有失敗作且價格實惠，非常推薦。

無法一次喝完整瓶葡萄酒時，可以用酒瓶栓塞住瓶口，防止氧化，百圓商店就買得到。

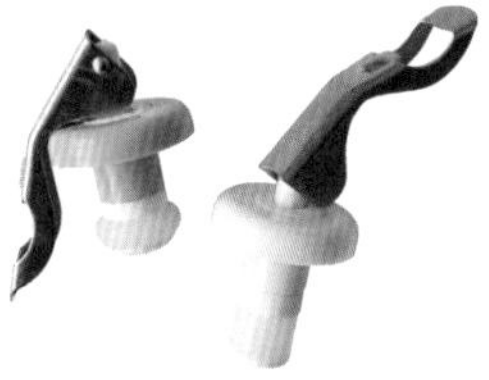

Hana Column ⑤

料理專家傳授的極品美味
內田真美的「蜜桃莫札瑞拉起司沙拉」

〈**材料**〉

- 莫札瑞拉起司　1顆
- 水蜜桃　1顆
- 橄欖油　適量
- 檸檬皮　適量
- 白酒醋　適量
- 鹽、胡椒　各適量

〈**作法**〉

1 莫札瑞拉起司撕成一口大小。水蜜桃在食用前剝皮，滾刀切成一口大小。

2 將莫札瑞拉起司和水蜜桃擺入盤中，淋一圈橄欖油。

3 以刨皮刀削下檸檬皮，或切絲撒上，淋一圈白酒醋，撒上鹽、胡椒即完成。

7年前第一次在家裡做這道「蜜桃莫札瑞拉起司沙拉」時，
感動到都快靈魂出竅。

這道菜出自內田真美的著作《洋風料理　我的心法》，
看這本書的季節剛好是盛產水蜜桃的盛夏。

滾刀切塊的水蜜桃和手撕的莫札瑞拉起司盛於盤中，
淋上白酒醋、橄欖油，撒上檸檬皮、鹽、胡椒即完成，就是這麼簡單，
調味料的分量一律都是「適量」！

嚐了一口，吃到軟嫩鮮甜的水蜜桃，奶味十足的莫札瑞拉起司，
白酒醋有提味的效果，橄欖油將所有味道融合在一起，
檸檬皮讓整道菜的視覺更加豐富華麗。
每一樣食材都是不可或缺，同時又相互襯托出彼此的獨特風味，
盛裝它們的餐盤成了前所未見的華麗舞台，
成就了最精湛的演出，令人嘆為觀止！

內田老師在書中的有一段文字讓我印象深刻，
她說「水果沙拉應避免使用檸檬汁，一定得以白酒醋取代。
水果經過釀製的醬汁洗禮之後，
搖身一變成為一道佳餚」。
真是一語道出料理學問的精髓。

這道菜出自這本書！

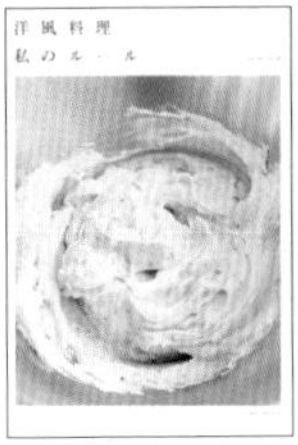

《洋風料理　我的心法》
內田真美・著
Anonima Studio

對我個人來說「裡面每一道菜我都好喜歡！」的一本重要食譜。水果、羊肉、香草、堅果……幾乎整本書的每一道菜我都跟著做過、學起來了。

我珍愛的食器們

只要是我喜歡的食器，即使裝著簡單的小菜，就夠讓人心喜。
這個單元想來介紹一下我珍愛的盤子和碗，每一個都承載我滿滿的回憶。
順道一提，這本書中的照片裡所用的食器幾乎全是我的收藏品！

法國骨董盤

在巴黎的跳蚤市場分別以 8 歐元買到的骨董。橢圓盤適合裝水果起士沙拉，看上去非常可愛。我常用繪有李子的這個盤子盛裝 P.38 的「清蒸雞佐蒜味優格醬」。

摩洛哥中型碗

對於喜愛帶有異國風情餐具的人而言，摩洛哥簡直是天堂，不僅設計可愛，價格更是親民。當時從摩洛哥回來時，我隨身提了 15kg 的餐具，手都快斷了！這組碗我除了用來盛湯以外，也會拿來裝燉煮料理。

烏茲別克的作家餐盤

這個盤子是在烏茲別克一個以製陶聞名的城鎮里什頓（Rishton）買的。精緻美麗的手繪圖案，以及深藍色的釉色十分高雅。在陶作家的工作室挑選獨一無二的器皿，也是一大樂趣。

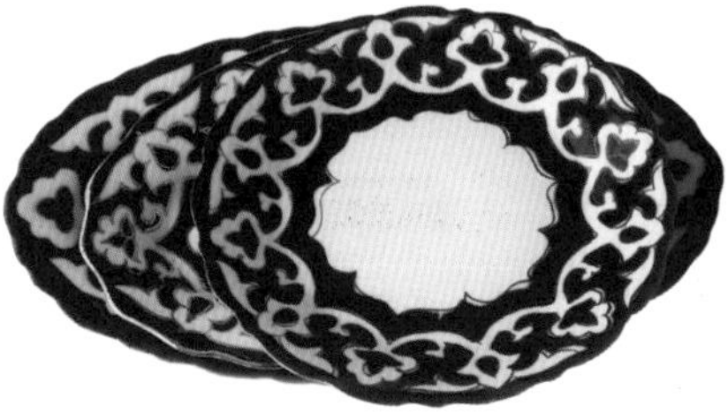

烏茲別克的國民餐盤

烏茲別克曾由舊蘇聯統治，受到社會主義的影響，每家餐廳的餐盤長得一模一樣，不由得讓人想做些 Manti（類似蒸餃）或 Pilav（羊肉燉飯）等烏茲別克料理來裝。

秋田的樺細工碗

秋田 · 角館的樺細工（譯註），為日本傳統工藝品，樹皮紋路非常美麗，在產地看到這個設計簡單的大缽，二話不説立刻掏出錢包來。特別能映襯白色料理，我會用來裝豆皮烏龍麵、馬鈴薯沙拉等。

葡萄牙小盤

在葡萄牙鄉下小鎮艾芙拉 (Evora) 的一間小餐廳，我特別商請店員讓我進到廚房去參觀，離開時收到一包紙袋，裡頭裝著這只小碟子，上面還印有那間餐廳的 logo。

譯註：以山櫻樹皮製作的木工藝品，最早誕生於江戶時代晚期的秋田城下町「 角館」。

Hana
Column ⑦

酒標好可愛!便宜好喝的自然派葡萄酒

大約4年前開始聽到身邊的人談論起「自然派葡萄酒」，有人形容說是「會滲透到細胞裡的酒」，可是我喝了怎覺得好像在喝葡萄汁。

當然裡面還是含有酒精，多喝幾口之後，喝出奇妙的發酵味…不過竟然越喝越覺得好喝。而且每一家的酒瓶標籤都設計得很精緻！

所謂的自然派葡萄酒就是在種植葡萄時盡可能不使用除草劑和化學肥料，以最自然的原料來釀造葡萄酒。在當地的風土氣候下自然培育葡萄，在釀造手法上也不使用人工添加物來控制品質，因此即使是同一款的葡萄酒，也會呈現不同風味。

最令我訝異的是，不論是生產者還是推廣自然派葡萄酒的人，個性大多都很隨性、不拘小節、觀開朗。 一般喝葡萄酒給人的印象是「需要深厚的背景知識・不易懂・要正襟危坐」，看到喜歡自然派葡萄酒的愛好者悠閒自在的樣子，著實打破了我對葡萄酒的印象。

去朋友舉辦的居家派對帶上一瓶，總會引起熱烈討論，所以我常常購買。由於產量少，製作過程繁瑣，因此這一類葡萄酒的價位都在2000圓以上，不過也有僅1000圓上下的，我特別推薦右方這幾瓶！

便宜好喝的自然派葡萄酒

Camillo Donati

產自義大利的美食之都艾米利亞 - 羅馬涅大(Emilia Romagna)。 不論紅、白酒，都是酒體堅而微帶氣泡，適合搭配當地特產的生火腿或沙拉米 (Salami)。

Louis Julian

這家葡萄酒好喝到當地居民會自行提著桶子，到生產者家裡排隊購買；喝起來像葡萄汁，用杯子大口大口地喝都沒問題。

IL VEI

個性開朗不做作，只要品嚐過都說好喝的一支酒。基本上也多是以量計價的方式賣給同村的居民。酒籤設計也很別緻。

四恩釀造

山梨的自然派葡萄酒中最受歡迎的日常餐酒。幾乎是酒廠主人Tuyobon 一人一條龍生產，每一瓶都喝得到葡萄的原味。

推薦的
自然派
葡萄酒賣家

Wineshop & Diner FUJIMARU
＊實體店面
中央區東日本橋 2-27-19 S Bld. 2F
13:00 ～ 22:00
星期二及每月第二個星期三公休

森田屋商店
＊線上商店 http://sakemorita.com/
大田區東六 2-9-12
11:00 ～ 21:00 星期日公休
（星期一若碰上為國定假日，也會休息）

第6章

1次完成 3次暢飲

我這個人蠻怕麻煩的，
平日腦子裡就常常在想「如何輕鬆就能做出好吃的東西」。
想來想去還是得靠「常備菜」！

話雖如此，我怕麻煩，卻又很貪心，想要多點變化，
不然同樣的東西每天吃很快就膩了，
所以啦，就要善加利用一次製作可分三次使用的常備菜，
每次可以有不同的調味和作法，
保證吃到最後一口都覺得好吃，令人回味無窮。

我的常備菜固定班底

鹽漬紅蘿蔔絲

〈材料〉容易製作的分量

- 紅蘿蔔　3根（180g）
- 鹽　1小匙

〔搭配調味料〕

◎和風

- 醋、橄欖油、醬油、茗荷（切碎）、芝麻

◎南洋風

- 檸檬汁、橄欖油（或麻油）、魚露、香菜（稍微切碎）、堅果類、胡椒

◎西洋風

- 白酒醋、橄欖油、鹽、黑胡椒

〈作法〉

1 紅蘿蔔削皮，
以刨刀器刨成細絲。

2 撒鹽搓揉後靜置10分鐘左右，
擰乾澀水，直接放進冰箱冷藏。

3 拌入各式調味料。

完成♪

保存期限
1星期

由於我經常外食，因此在家就會想多吃蔬菜。

（反而在外面的時候，心想「蔬菜回家吃就好！」所以在外總是吃肉）

只是回到家，想要做點蔬食下酒菜時，

想到又要削皮，又要切菜，

啊～真想整個拿起來啃算了！！！

不過，冰箱裡若有這道「鹽漬紅蘿蔔絲」，要吃的時候調味一下就好。

再不濟，直接拿來吃也能瞬間吃下一大堆。

這道鹽漬菜可以有各種搭配，

依當天準備的酒和菜餚，做不同的調味。

調味後還可以再保存1～2天，

隔天早上拿來夾三明治也好，放進便當也能讓菜色變得更加豐富。

放在熱騰騰的白飯上，和納豆、生雞蛋一起拌來吃，意外美味！

作法
①
〔和風〕
作法
②
〔南洋風〕
作法
③
〔西洋風〕

超軟嫩

低溫慢烹雞肝

〈材料〉容易製作的分量

- 雞肝　愛吃多少做多少
  ＊還有力氣的話，切些蔥綠或薑片備用吧！

＼完成♪／

保存期間
5日間

〈作法〉

1 整副的雞肝（照片①）含有雞肝（右）和雞心（左）兩個部分。將兩者切開之後，雞肝從中間縱向切成兩半，斷開血管，雞心則是垂直剖半（照片②）。

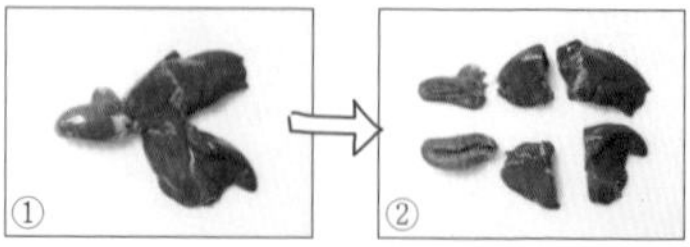

2 取稍大的調理盆倒入滿滿的水，放入雞肝，手往固定一個方向繞圈，利用離心力將血塊洗出來，換水後同一步驟再重覆幾次；雞心以流動的水沖洗乾淨。

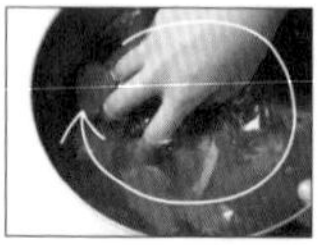

3 起一鍋煮水沸騰後，放入瀝乾的雞肝（有的話，加入蔥綠或薑片）。待熱水再次沸騰，熄火，蓋上鍋蓋。靜置15分鐘左右，以濾網撈起。

雞肝不僅便宜、美味、富含鐵質，

愛酒人士請注意，雞肝還有提升肝功能的效果（這很重要！），

買雞肝還附贈雞心，真是賺到了。

這麼棒的食材卻有三大問題：

①軟不溜丟的，看起來很噁心 ②要去血水很麻煩 ③吃起來乾乾的

…嗯，確實問題不小。①沒有辦法解決，只能放棄。針對②和③，我倒是有幾個妙招可以提供。

首先是去血水。

其實方法很多，也有人說「泡牛奶」很有用，但問題是很麻煩，我還是比較喜歡「調理盆裡繞圈圈去血水」。

非常簡單，又能確實去除血水（超有成就感！）。

加熱方法則是將去掉血水的雞肝放入滾水裡，再次煮沸後即熄火。

利用餘溫＝低溫加熱，煮好的雞肝自然吃來口感軟嫩，保存5天還是很新鮮。覺得好像有點貧血時，吃雞肝可以立刻補充鐵質！

順道一提，聽說雞肝的鐵質比納豆和菠菜更容易被人體吸收，好食材，不吃嗎？

作法
①

〔沾鹽〕

燙好的雞肝趁熱沾鹽吃！內行人最喜歡的吃法。

作法
②

〔涼拌辛香菜〕

雞肝、喜歡的辛香菜（細蔥、香菜、紫蘇、茗荷、生薑）和酸桔醋＋橄欖油、鹽＋麻油等調味料拌在一起就是一道佳餚。拌味噌＋橄欖油或切碎的梅乾等，也十分美味。

作法
③

〔雞肝醬〕

趁熱以叉子將雞肝壓成泥狀，加入常溫的奶油起司、蒜泥、鹽、橄欖油，拌勻後撒上現磨黑胡椒，塗在法國麵包上，邊吃邊喝葡萄酒，超完美！

食材簡單容易搭配

魚露炒羊栖菜

〈材料〉容易製作的分量

- 羊栖菜（依個人喜好選擇長短種類）　1袋（30g）
- 麻油　½大匙

A
- 水　30ml
- 魚露、味醂　各1又½大匙

完成♪

保存期間 1週間

〈作法〉

1 取一調理盆放入羊栖菜，稍微清洗1～2次，再倒滿水浸泡。泡開之後，換水沖洗2～3次，攤在濾網上瀝乾。

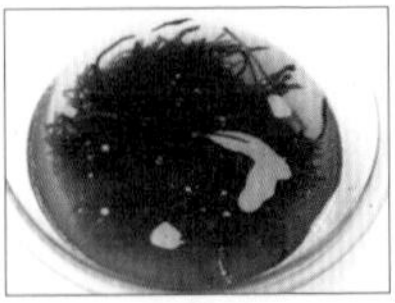

2 平底鍋裡倒入麻油，開火加熱，放入羊栖菜，快速拌炒，再加入A，煮至水分收乾後熄火，冷卻後，放進冰箱冷藏可保存1星期；要放超過1星期則分成小包冷凍。

吃羊栖菜「有益身體健康」
吃納豆和優格也是，
不過羊栖菜「必須烹調之後才能吃」，所以門檻比較高（？）。

羊栖菜含有人體常攝取不足的鈣質以及豐富的食物纖維，而且熱量很低。
對於喜歡夜晚小酌一杯的女性，羊栖菜是不可多得的優良食材！

可是～什錦燉菜煮起來真是挺麻煩的，實在沒那個時間。
我懂我懂，想吃羊栖菜，可是又不想花時間。

我有個妙招，放棄其他配料，單獨料理羊栖菜，
再來就是以魚露和味醂取代醬油來調味，
如此一來就不用再加紅蘿蔔、豆皮、黃豆等一堆配料，
以魚露調味可以擺脫羊栖菜＝和食的刻板印象，運用更加自如。

分成小包冷凍起來，感到「最近飲食不太正常」時，立刻派上用場。
拌白飯就是養生的「羊栖菜拌飯」，
帶便當發現少一樣配菜，有它在，問題立刻解決。

作法
①

〔撒芝麻〕

想要補充鐵質時，建議撒上芝麻直接食用。

作法
②

〔沙拉〕

與小黃瓜、紫洋蔥一起做成沙拉。吃之前擠上大量檸檬汁即可。

作法
③

〔羊栖菜日式煎蛋〕

蛋打散，拌入羊栖菜，加鹽、味醂調味，下鍋煎熟即完成。

熟成的好滋味！

醃豬肉

〈材料〉容易製作的分量

- 豬肩里肌肉（整塊） 500g
- 粗鹽 1大匙

保存期限
1星期

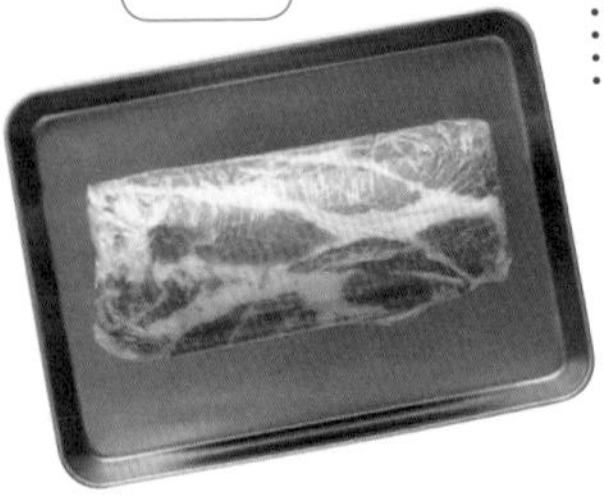

完成♪

〈作法〉

1 拿張廚房紙巾將豬肉表面擦乾，
整體均勻抹上鹽。

2 以保鮮膜緊緊包覆，放進塑膠袋後，
放冰箱冷藏3 ～5天。

家裡的冰箱（或冷凍庫）裡絕對少不了醃豬肉，
可見我有多依賴它，是非常好用的常備菜。

將鹽塗抹在整塊豬肩里肌肉，
以保鮮膜緊緊包覆，放進冰箱後，它就會自己熟成。
到了差不多第三天肉質變得緊緻而味道濃郁，
是入菜的美味關鍵。
（**我最喜歡放到第5天的熟成狀態，雖然有點危險…**
如果擔心的話，放到第 3 天之後就分成小包冷凍起來。）

切成薄片直接乾煎就很好吃，
水煮則可煮出美味無比的湯頭。
學會這道醃豬肉後，
就可以輕輕鬆鬆將經濟實惠的大塊肉料理完畢。

作法
①

〔乾煎〕

切成5～8mm的厚度，放平底鍋煎熟。可以用陽光萵苣、香菜、紫蘇包起來吃。

作法
②

〔湯〕

甜味濃縮肉裡的醃豬肉，水煮就可以煮出美味無比的湯頭。將長蔥、白蘿蔔和蓮藕切成大塊，和豬肉一起炒過，再加入水煮至變軟即可。

作法
③

〔炊飯〕

醃豬肉切成5mm的小丁，和蒜末、酒、魚露、米拌在一起後蒸熟。煮成熟飯後，拌入切碎的糯米椒，撒上黑胡椒，再擠上檸檬汁即完成。

蔬菜攝取不足的救世主！

普羅旺斯雜燴

〈材料〉容易製作的分量

- 洋蔥（切1cm小丁） 1顆
- 茄子（切成5mm厚的圓片） 2根
- 青椒（切1cm小丁） 3顆
- 鴻禧菇（分成小朵） 1包
- 大蒜（切碎） 2瓣
- 水煮番茄罐頭 1罐
- 番茄糊（有的話） 1大匙
- 奧勒岡 1小匙
- 鹽 ½大匙
- 橄欖油 50ml

〈作法〉

1 取一厚底鍋放入橄欖油和蒜末，開小火加熱。

2 爆香後，依序放入洋蔥、茄子、青椒、鴻禧菇，翻炒至整體均勻裹上油後，加入番茄糊，再繼續拌炒1～2分鐘。

3 加入水煮番茄罐頭、奧勒岡、鹽，蓋上鍋蓋燉煮30分鐘。要小心底部容易煮焦不時翻攪但也不要過度攪拌（否則整鍋燉菜會糊成一片）。

完成♪

保存期限
4天

就是想吃蔬菜，不論什麼菜都行，沒有肉沒關係，

不！是不想吃肉，可是又沒時間料理……

無論如何就是想吃蔬菜時，一想到冰箱裡有普羅旺斯燉菜，就能感到安心！

我經常把這道菜從冰箱拿出來，不知不覺就站在原地吃了起來。

沒辦法，因為冰冰的也很好吃！

把所有的材料丟進鍋裡，接下來只要開火燉煮就行。

即使不放雞湯塊，

不同蔬菜釋放出的美味有相乘效果，好吃到讓人驚訝裡面竟然一塊肉都沒有。

要留意的是，煮的時候不要過度攪拌（因為很容易煮太爛！）

橄欖油要放多一點，千萬不要小氣（燉菜一定要多一點油才好吃！）

可以的話，放一個晚上後再食用（更入味，口感更溫潤）。

若不使用水煮番茄罐頭，只利用蔬菜的水分來燉煮，一樣十分美味！

除了撒上麵包粉去焗烤或是做成義大利麵醬汁之外，

也可用攪拌機打成糊，加入豆漿或牛奶，做成蔬菜濃湯。

什麼都沒有的時候，光配麵包也不錯！

作法
①

〔冷藏〕

熱熱的也很好吃，冰涼的吃法適合夏天。放一個晚上之後更加入味。食用之前，記得要淋上橄欖油。

作法
②

〔和麵包粉一起烘烤〕

放入耐熱容器，撒上麵包粉或是會融化的起司，放進烤箱，做成焗烤。

作法
③

〔義大利麵醬汁〕

撒上大量的帕瑪森起司做成義大利麵醬汁。也可以搭配培根、市售青醬或鯷魚作成不同口味的醬汁。

Hana
Column ⑧

我的書架上全部是和食物相關的書!

我喜歡食物，也喜歡書。因此我的書架上全塞滿與飲食相關的書籍。小說、漫畫、報導文學、攝影集……除了食譜以外，許多類型的書籍也都有對食物的深刻描寫，我全部一網打盡，絕不錯過。這個單元要介紹的是我喜愛的藏書，每次翻開都感覺興奮，有些內容令人感動，有的十分勵志，甚至發人省思，當然食物的畫面免不了讓人看了會肚子餓。有些已經絕版，不過有興趣的話，不妨上網路書店搜尋看看。

『我家的晚餐』
朝日俱樂部 · 編
餐桌攝影集，收錄當時的作家、歌舞伎演員、建築師、市長等 100 位知名人士在自家享用晚餐的情景。裡面看得到畑正憲（暱稱：鮭五郎，是位熱愛動物的小說家）晚餐和熊一起吃柳葉魚。

『PLATES+DISHES』
Stephan Schacher
Princeton Architectural Press
美國大眾餐廳攝影集。右頁是女服務生，左頁是該餐廳的料理（雞蛋和馬鈴薯出現的頻率超高），並列成一個大開頁。我喜歡在大眾餐廳吃飯，所以很喜歡這本書。

『積存時間的生活』
津端英子 · 津端修一 · 著
自然食通信社（太雅）
津端夫婦在自家擁有廣大的菜園，兩位主角即使上了年紀，仍舊相互扶持，享受生活，令人十分嚮往。

講談社（繁體字版：長鴻出版）

『我的加味人生』
伊藤理佐 · 著
只要是喜歡「吃」的人，對於本書的每一個故事內容一定會深表贊同。它精采的程度，可稱之為飲食漫畫的金字塔，是一本自己喜歡不夠，還想買來送人的書。

『伊斯蘭飲酒紀行』
高野秀行 · 著
扶桑社
作者是位邊境文學作家，在嚴禁飲酒的伊斯蘭境內喝當地生產的酒，並將過程記錄下來寫成報導。我很喜歡書腰上的一句話「我不是要衝撞禁忌，我只是想喝酒！」。

『世界屠畜紀行』
內澤旬子 · 著
解放出版社（繁體字版：麥田出版）
我讀過許多和屠宰動物有關的書籍，本書是其中的傑作。作者自費前往世界各地親眼目睹屠宰現場，並且寫成報導。看完本書之後，讓我再次思考吃肉這件事和人類之間的關係。

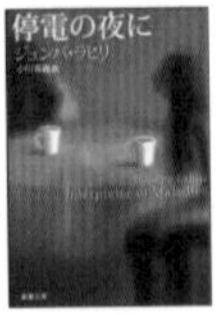

『醫生的翻譯員』
鍾芭　拉希莉 · 著
新潮文庫（繁體中文版：天培）
一位印裔美國人（是美女！）寫的一本小說，內容感人肺腑。文中出現的印度料理描寫得太美味了，害我很難專注小說的故事情節。

『令人笑開懷的東南亞料理筆記』
森優子 · 著
晶文社
本書除了東南亞的旅行遊記之外，還附上多張插圖食譜的搞笑隨筆。我照著書中的食譜從頭到尾全部做過。

第7章

減料一樣美味

再怎麼美味的食譜，後面若是跟著一長串的食材表，
做菜的熱情立刻被澆熄，
我知道備齊所有食材做出來的料理才會好吃，可是簡單點
也沒什麼不好啊，「五目(譯註)」是主流，
可是難道「二目」就不行嗎？
將食材東減一樣西減一種的結果，
開發出「豈止不錯，根本就是太喜歡啦！」的幾道菜。
即使沒幾樣食材，也還是能料理出美味佳餚！

譯註：「什錦」，種類很多的意思。

吃的是蛋與湯頭的美味！

只有蛋的茶碗蒸

〈 **材 料** 〉

- 雞蛋　2顆
- 日式高湯　150ml
- 醬油、味醂　各1小匙

〔芡汁〕

- 日式高湯　80ml
- 醬油　1小匙
- 太白粉 1小匙（加1大匙水調勻）

〈 **作 法** 〉

1 取一調理盆打入蛋，加入放涼的日式高湯、醬油、味醂之後攪拌均勻。

2 將**1**的蛋液過篩之後倒入容器裡，放入蒸籠以小火蒸煮15～20分鐘左右，以竹籤在中央戳一下，如果沒有蛋液流出來，表示已熟透可以起鍋。

3 取小鍋倒入製作芡汁的日式高湯，煮滾後加入醬油、太白粉水攪拌出稠度後，淋在**2**上面即完成。

MEMO

只有蛋和日式高湯做的茶碗蒸也十分美味。
淋上芡汁，視覺上更加美味誘人，但不勾芡也沒關係。

多一點自己喜歡的辛香菜

不加美乃滋的馬鈴薯沙拉

〈 **材料** 〉

- 馬鈴薯　1顆
- 自己喜歡的辛香菜　適量
  ＊茗荷、細蔥、紫蘇、蒔蘿等
- 橄欖油、檸檬汁、鹽、
  胡椒　各適量

〈 **作法** 〉

1 馬鈴薯削皮，切成四等分，放入鍋內，加進可淹過食材的水之後開火，煮至馬鈴薯可以竹籤穿過後，倒去熱水，再繼續加熱使表面水分收乾，變得鬆軟為止。

2 趁熱以叉子將馬鈴薯壓碎，加入橄欖油、檸檬汁、鹽、胡椒調味。

3 放涼之後，拌入切碎的辛香菜即完成。

MEMO

沒有小黃瓜、火腿，單純的馬鈴薯沙拉。
覺得「少了美乃滋少了點滋味」的人，建議可使用橄欖油＋檸檬汁作醬汁的基底，加上少許美乃滋調和，吃起來既美味又清爽。

無添加、不加強黏性！

肉感十足小丸子

〈材料〉

- 絞肉（豬＋牛肉）　130g
- 洋蔥（稍微切碎）　¼顆
- 鹽、胡椒　各少許
- 橄欖油　1大匙

〔莎莎醬〕

- 番茄（切成5mm小丁）　½顆
- 橄欖油　1小匙
- 鹽、胡椒　各少許
- 薄荷（撕小碎片）　適量

〈作法〉

1 在容器放入莎莎醬的材料，混合均勻。

2 取一調理盆放入絞肉、洋蔥、鹽、胡椒，仔細揉拌後，分成5等分，搓成小丸子。

3 平底鍋裡倒入橄欖油，開火加熱，將**2**平放在鍋中，蓋上鍋蓋，兩面煎熟。

4 起鍋盛盤，佐上莎莎醬即完成。

MEMO

擠上檸檬汁，或佐以「蒜味優格醬」（P.38）也十分對味。
不添加任何東西增加黏性的小丸子，吃起來肉感十足，趁熱吃簡直無敵！

不用鮮奶油

法式白醬焗馬鈴薯

〈 **材料** 〉

- 馬鈴薯　2顆
- 牛奶　300ml
- 蒜泥　少許
- 肉荳蔻　少許
- 披薩用起司絲　40g
- 鹽　1小匙

〈 **作法** 〉

1 牛奶倒入鍋裡。馬鈴薯削皮，以切片器切成薄片，直接放入牛奶中（不必泡水）。

2 將蒜泥、鹽加入**1**中，開小火慢慢加熱，待馬鈴薯煮熟變軟之後，加入肉豆蔻拌勻，倒入耐熱容器。

3 撒上披薩用起司絲，放進烤箱，烤至表面上色即完成。

MEMO

這是法國的一道傳統焗烤料理「馬鈴薯千層派」，經常用來搭配肉類料理。雖然少了洋蔥和鮮奶油，但撒上肉豆蔻，立刻就成了正統法國菜。

只有蓮藕一樣美味

簡易版筑前煮（譯註）

〈材料〉容易製作的分量

- 去骨雞腿肉　1片
- 蓮藕　200g
- 沙拉油　1大匙
- A ⎡ 水　200ml
  ⎣ 酒、醬油、味醂　各1又½大匙
- 七味粉　適量

〈作法〉

1 雞腿肉切成一口大小。

2 平底鍋裡倒入沙拉油，開中火加熱，雞腿肉雞皮朝下放入鍋裡乾煎定型，放入蓮藕一同翻炒，以廚房紙巾吸收多餘的油脂。

3 加入A，以鋁箔紙做成的蓋子蓋上，煮至湯汁收乾即完成，吃之前依個人喜好撒上七味粉。

MEMO 筑前煮通常會用很多種食材，不過只有雞肉和蓮藕煮出來的味道也十分美味，行有餘力可再加牛蒡、紅蘿蔔、蒟蒻。用平底鍋煮這道菜的好處是不用擔心燒焦黏鍋。

譯註：日本九州一帶的鄉土料理。

Hana
Column ⑨

令人飢腸轆轆的電影佳作

《教父第三集》的「煽情的馬鈴薯麵疙瘩」

雖是一部黑手黨火拼的電影，但是不愧是義大利，中間出現許多餐點的鏡頭！第三集有一幕是兩個人在製作馬鈴薯麵疙瘩，但是當時我還只是個小學生，煽情畫面實在太衝擊……

圖片提供/得利影視

《企鵝夫婦》的「水餃沾辣油」

電影主角是「石垣島辣油」的始祖邊銀夫婦。移居石垣島的夫婦二人，丈夫是中國人，故事的主軸是兩人同心合力研發辣油的過程，將大量的辣油淋在水餃或熱騰騰的白飯上～看著兩位主角大啖美食的畫面，在電影結束的同時，我的肚子已經餓到不行！

圖片提供/天馬行空

《美味情書》之「起司燉咖哩(Paneer Korma)」

電影發生的場景在印度。快遞將便當送錯地方，為一對未曾蒙面的男女牽起緣分。妻子為了喚回丈夫的愛，用心製作的便當看起來美味極了。真想拿著烤餅沾著加了自製起司的咖哩送到嘴裡！

《關於吃這件事》之「"免費食堂"的10萬份咖哩」

在印度西北部有個每天10萬人（！）造訪的「免費食堂」，這部電影是紀錄片，拍下所有義工準備餐點的過程。一堆不鏽鋼餐盤在半空中拋來拋去，裝著滿滿的咖哩真是令人垂涎欲滴。

《某肉舖的故事》之「香烤自家生產的牛肉」

這是一部紀錄片，拍攝對象是位於大阪的某肉舖，導演用心拍攝牛肉的生產過程。令我印象最深刻的一幕是以自己經手處理的牛肉在自家烤肉，看起來真的好好吃啊。

《猶瑟與虎魚們》之「熱騰騰的日式煎蛋」

內容是雙腿殘疾的女孩猶瑟和大學生恒夫的純愛故事。猶瑟做給恒夫的正統日式早餐料理，看起來好吃極了！！高湯日式煎蛋、醬菜、味噌湯，以及熱騰騰的白飯，讓我也忍不住想跟著做來吃。

Hana
Column ⑩

料理專家傳授的極品美味
重信初江的「白菜涮豬肉味噌奶油鍋」

〈 **材料** 〉 **2～3人份**

- 白菜　¼顆（400g～500g）
- 豬里肌火鍋肉片　200g
- 湯頭
  - 水　4杯
  - 味噌　5大匙
  - 味醂　2大匙
  - 奶油　20g
- 七味粉　適量

〈 **作法** 〉

1 白菜橫向切成細絲，口感較細緻。
2 取一土鍋，倒進湯頭的材料，攪拌混合後開中火加熱，滾了之後轉成小火。
3 放入適量的白菜，稍微煮軟後，將豬肉攤在白菜的上方一同加熱。
4 待肉煮熟之後，以豬肉將白菜包起，依個人喜好撒上七味粉；剩下的白菜、豬肉也依同樣方式邊煮邊吃。

會用到罕見、高檔食材的食譜總令人躍躍欲試，
不過以超市買得到的一般食材，自創新的烹調方法，
做出任何人吃了都讚不絕口的料理，才是發揮職人精神的料理專家，
令人忘塵莫及的境界。

我十分景仰的料理專家重信初江老師就是這樣的一個人，
這道菜就是他在某雜誌上發表的食譜。

食材只有白菜和豬肉，調味料也只到味噌、味醂、奶油、七味粉，
連煮火鍋必備的「高湯」都派不上用場，
只要將菜切好，放到鍋裡煮熟，當下就可以享用。

這道菜用到的材料少，而且作法簡單，可是實際動手做，
便發現其中有許多細節上的考量，
比方說，光只是在湯裡溶入味噌，味道並不會太好，
原來重信老師設計這道菜是經過精準計算，味醂與白菜的甜味加乘，
奶油和豬肉的甘醇相融，最後再撒上七味粉提味，
所有食材會達到一個美味平衡，實在太厲害了！！

以豬肉片包起切成細絲很快就能煮熟的白菜，
再舀點湯到碗裡，撒上些許七味粉，美味盡在不言中，
不知不覺就吃掉¼顆白菜，來一球拉麵（！），
馬上就成了滋味絕妙的奶油拉麵，沒有比這更棒的煮法了。

簡單到不用食譜!只有精簡文字說明的下酒菜

晚上在家小酌已是日常生活的一部分。只要手邊有材料，有時間，加上有心想要動手做的心情，自然而然地就會動手做點小菜；然而偶爾也會只想快點喝完上床睡覺，吃什麼都無所謂，這種「連吃飯都懶」的時候，就算只有竹輪或小黃瓜，整隻拿起來啃也是一種享受！幾杯美酒下肚後，轉身蓋上棉被呼呼大睡吧！如果是還有一點力氣「可以對自己好一點」的話，可以做做下面的這幾道下酒菜，撫慰一下疲憊不堪的心，給自己一點犒賞吧。

醬油炒青椒

青椒切絲，與麻油一起拌炒，起鍋前淋上醬油翻兩下即完成。若是用豆芽菜或高麗菜做這道料理感覺有點寒酸，但是青椒的話就沒這問題。

起司佐黑胡椒

起司切丁，撒上大量的黑胡椒。與其說是「撒」，倒不如是說「整個鋪滿」的程度。

魚露炒德式香腸

德式香腸大致切小段，加點沙拉油拌炒，最後淋上魚露。直接吃就很好味，擠上檸檬汁，配酒更順口。

栗子和沙拉米佐味噌

有次在酒吧裡得到的靈感。將市售已剝殼的栗子和沙拉米切成同樣的大小，和味噌拌在一起（如果太硬的話，可以加點水調和），與威士忌最對味！

蛋黃拌洋蔥片

洋蔥以切片器削成薄片，泡水後擰乾水分，放上柴魚片、蛋黃，淋上多一點醬油、辣油，然後拌勻。必備的下酒菜，百吃不膩！

鹽漬甜柿

甜柿滾刀切塊，撒鹽，靜置 10 分鐘左右，待表面看上去有點濕濕潤潤的，就是最好吃的時候。也可以換成西洋梨來做，一樣美味。

烤油豆腐

沒時間的話，油豆腐是最好的選擇！切成一口大小，放進烤箱烤至表面酥脆，淋上醬油，就是一道完美的下酒菜。

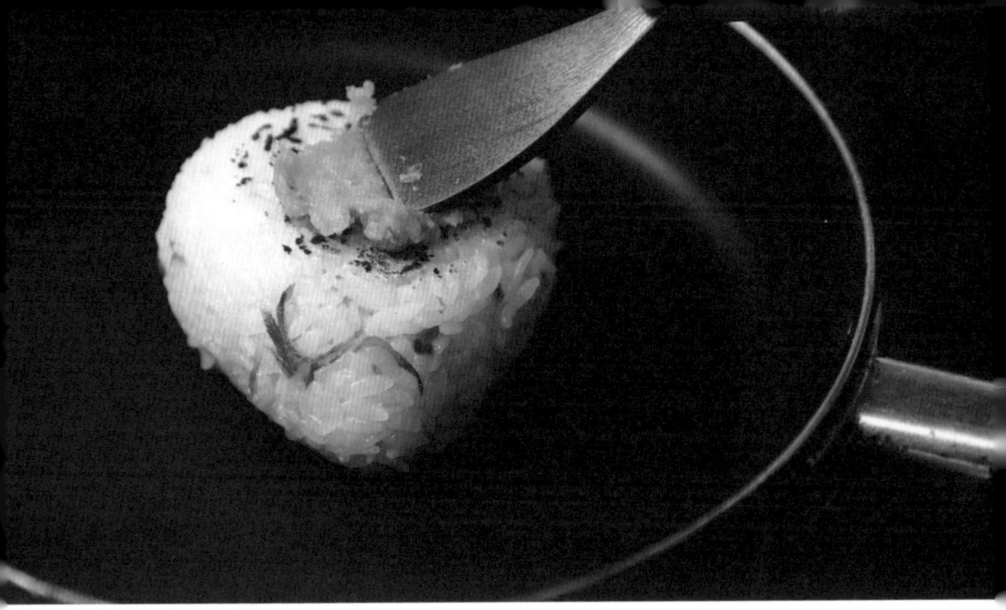

第8章

碳水化合物的誘惑

明明又吃又喝，身心都充盈了，
到了半夜還是會肚子餓（的感覺），想要來點碳水化合物，
這時候，經常拿來填肚子的是「札幌一番塩拉麵」。
將麵折一半（還是稍微克制一下！）放到鍋裡，
打顆蛋，和麵一起燜煮，
雖然賣相不怎樣，但滋味超讚。
即使喝醉了還能簡單下個麵、熱個飯作為完美的句點，
人生夫復何求。
滿足口腹之欲的同時，也要小心不要吃過飽囉！

麻油香味誘人

雞蛋拌飯

〈 材料 〉

- 雞蛋　1顆
- 熱騰騰的白飯　1小碗
- 麻油　½小匙
- 醬油　適量
- 細蔥(切成蔥花)　少許

〈 作法 〉

1 白飯中間挖個凹洞，打一顆雞蛋，淋上麻油、醬油，最後放上蔥花。

2 充分攪拌後，即可開動。

拌一拌

MEMO

「雞蛋拌飯要加麻油」的吃法，是10年前在位於吉祥寺的一家內臟料理專門店學到的。喜歡魚露的人，也可以用魚露取代醬油！

用平底鍋

焦香味噌飯糰

〈 **材料** 〉

- 熱騰騰的白飯　1小碗
- 味噌　1小匙
- 個人喜歡的辛香菜　適量
  ＊茗荷、蔥等
- 紫蘇　1片

〈 **作法** 〉

1 辛香菜切碎，和白飯拌在一起，捏成飯糰。

2 取一平底鍋，不加油，直接開火加熱，
放入**1**的飯糰乾煎，煎至兩面酥脆。

3 飯糰兩面塗上味噌，再煎至焦黃上色後起鍋，
和紫蘇一起盛盤即完成。

MEMO

平底鍋也可以煎出香氣十足的味噌飯糰。
若辛香菜量不多也可以拌入味噌，一起塗抹在飯糰表面。
（只是味噌醬會變得容易剝落，煎的時候要小心）

加入大量芝麻

韓式冷麵

〈材料〉

- 麵線　1把
- 無糖豆漿　200ml
- 沾麵醬汁（3倍濃縮）　1大匙
- 白芝麻　2大匙
- 泡菜、小黃瓜（切成細絲）、水煮蛋（切半）　各適量

〈作法〉

1 取一調理盆倒入豆漿、沾麵醬汁、芝麻，攪拌均勻。
2 麵線煮熟後放入冰開水中降溫，瀝乾之後倒入碗裡。
3 將1倒入碗裡，放上泡菜、小黃瓜、水煮蛋即完成。

MEMO
以冰涼的豆漿做湯底，沾麵醬汁調味的簡易版韓式冷麵，除了可在喝完酒來一碗，也適合作為夏天的午餐。

隔天不用見人的夜裡吃

韭菜拌烏龍麵

〈 **材料** 〉

- 烏龍麵（冷凍） 1份
- 韭菜 1把
- 蠔油、黑醋 各1大匙
- 麻油 ½小匙
- 辣油 適量

〈 **作法** 〉

1 韭菜切很碎很碎，放進調理盆，倒入蠔油、黑醋、麻油攪拌。

2 烏龍麵煮熟後撈起瀝乾，趁熱放入1的調理盆中與醬汁一同拌勻。 盛入碗中，淋上辣油即可開動。

＼攪拌 攪拌／

MEMO

這道麵食建議只在「明天可以宅在家」的晚上吃，
因為吃完隔天滿嘴韭菜味，可是實在太美味！
喜歡重口味的可以加碼放蒜泥。
打顆蛋黃則變得口感醇厚滑順。

不需要大蒜和洋蔥！

只有罐頭番茄的義大利麵

〈材料〉容易製作的分量

- 水煮番茄罐頭　1罐
- 橄欖油　2大匙
- 鹽　½大匙
- 義大利麵　適量

〈作法〉

1 平底鍋裡倒入橄欖油，開中火加熱，
將水煮罐頭的番茄捏碎，倒進鍋裡。

2 加鹽之後，轉小火燉煮10分鐘至湯汁收乾。

3 另起一只平底鍋，依想吃的分量，
倒入**2**的醬汁加熱，加進煮好的義大利麵
拌勻使麵吸附醬汁即可享用。

MEMO

幾乎是只需水煮番茄罐頭就可以完成醬汁。
看見義大利的朋友用這個方式製作醬汁時，我驚訝得下巴都快掉了。
原來不必用到大蒜和洋蔥，只要熬煮番茄就能成就出簡單的美味。

Hana Column ⑫

解救宿醉的飲料

昨晚明明喝得很開心爽快，今早卻頭痛到不行。 沒錯，每位愛酒人士一定都遇宿醉的情形，原因大多是身體缺水，因此首先要做的就是補充水分，再加點有助減緩宿醉的成分，靜靜等待復活時刻的來臨吧！

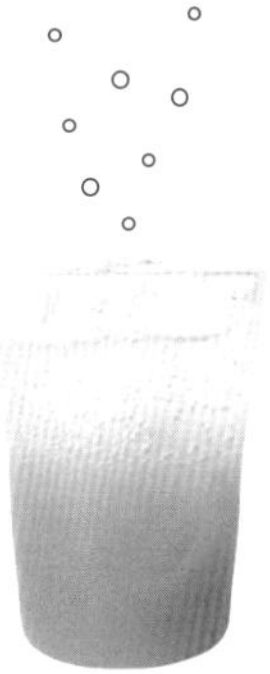

葡萄柚蘇打加鹽

〈 **材料** 〉

葡萄柚汁　100ml

碳酸水　100ml

鹽　1小撮

所有材料調和在一起

(memo) 宿醉容易引起低血糖，同時身體的鹽分也容易不足，果汁裡面含有容易被人體吸收的果糖，有助改善低血糖，再加一小撮鹽，補充流失的鹽分。

熱蜂蜜水

〈 **材料** 〉

蜂蜜　適量

熱水　適量

所有材料調和在一起

(memo) 蜂蜜含有豐富的果糖，有益酒精的分解。 蜂蜜水也是韓國人解宿醉的傳統方法！將蜂蜜溶解在熱水裡，有助溫暖虛弱的腸胃。

番茄豆漿

〈 **材料** 〉

豆漿　100ml

番茄汁　100ml

所有材料調和在一起

(memo) 據說番茄含有的茄紅素可以有效抑制引起宿醉的乙醛（acetaldehyde），不過，豆漿好像是在「喝酒前」飲用效果是最好的……（但沒喝前誰料到會宿醉？）

Hana
Column ⑬

徹底活用女性獨飲的天堂—薩莉亞的方法

下班回家或逛街逛到一半，偶爾會有「獨自喝一杯」的念頭，這時候我經常造訪「薩莉亞」，日本知名的家庭餐廳（台灣也有！）。它真的是一家很棒的連鎖餐廳，也可說是所有獨飲女性的天堂！感謝經營團隊在日本全國到處設置連鎖店！

由於是家庭餐廳，即使是女性獨自喝啤酒，或是葡萄酒也好，都不需要在意他人的眼光（不管去哪裡，明明就沒有人注意，但是女人嘛，總是會擔心「在別人眼中，我是不是看起來很寂寞？」）。若是去居酒屋，一坐下還沒點餐前，店家就擅自端上一盤小菜，是要算錢的，家庭餐廳可沒有這種規矩；啤酒、葡萄酒都很便宜，即使是一杯才100圓的葡萄酒竟然意外地好喝，不愧是大型連鎖餐廳，才有辦法以低價大量買進好東西，提供客人物美價廉的餐點。

薩莉亞的開胃菜非常適合下酒，我的必點菜單前三名分別是帕爾瑪火腿（Prosciutto）、奶焗菠菜、蒜香烤田螺，再來一份佛卡夏麵包，多麼美妙的搭配。比起一般的義式餐廳，「薩莉亞」現烤的佛卡夏麵包口感軟Q，分量也剛剛好。熱熱的佛卡夏麵包，放上一片帕爾瑪火腿捲起來，在油脂剛開始溶化時送入口中，再喝一口葡萄酒……滿分！滿分！滿分！

Hanako的
推薦菜單

這個價位別處吃不到

「帕爾瑪火腿」

滑潤的白醬

「奶焗菠菜」

冰涼啤酒的絕佳良伴

「辣味雞翅」

以佛卡夏麵包沾醬一起入口

「蒜香烤田螺」＋
「佛卡夏麵包」

半熟雞蛋就是沙拉醬！

「鬆軟豌豆溫沙拉」

香辣的口味很適合作為下酒菜

「香辣番茄斜管麵」

三道佐料加在任何菜上
都很開胃

「義大利綿羊起司粉（Pecorino）」、「特級初榨橄欖油」、「半熟雞蛋」

Saizeriya
RISTORANTE E CAFFÈ
イタリアンワイン&カフェレストラン
サイゼリヤ

我會一而再，再而三造訪的餐館，一定是因為它提供了美味的下酒菜。專業料理人才做得出來的餐點總是帶給我好多的驚喜、期待以及感動，而且只要開口詢問，他們通常都會大方分享烹調的心法，可以學到在家自製下酒菜的創意靈感也是造訪這些餐館的樂趣之一。

話雖如此，即使按照他們所提供的作法，也未必能做出一模一樣的味道。畢竟人家的材料和手法都是專業的，不是在家裡就可以輕易地模仿，所以做出來的大部分都是自己隨意再調整過的「差不多料理」，於是今晚又好想再去那家店喔！

特別章-1

愛店最令人難忘的一道菜

只要有，我就必點！

「黑輪太郎」的水煮馬鈴薯

〈材料〉容易製作的分量

- 馬鈴薯（小顆的）（譯註）
  15～20顆

A ［醬油、酒、味醂
  各1大匙

- 蠔油　1大匙
- 奶油　10g

〈作法〉

1 馬鈴薯連皮整顆下鍋，
加水蓋過馬鈴薯再多一點，倒入A。

2 以一個較鍋子小的蓋子直接壓在
食材上，開中小火加熱。

3 煮至馬鈴薯可輕易地用竹籤穿透，
水分收乾到大約只剩1cm高左右時，
加入蠔油、奶油，轉大火，
拌勻至入味即完成。

如果問我「全世界我最喜歡的餐館」，我一定毫不猶豫地回答「黑輪太郎」。

10年前左右我住在吉祥寺一帶，每天上下班都會經過這家店，
它位在狹小的巷弄裡，入口處掛著老舊的招牌和繩暖簾。
得走過一段灰暗狹窄的階梯到地下室才能窺探店裡的樣貌，
若是從外面看，很難讓人獨自隨意進入。

不過在某天夜裡，我帶著些微的醉意經過這家店，
鼓起勇氣走下階梯，
發現這是個氣氛非常舒適平靜的空間，覺得真是相見恨晚，
這一天就成了我與它結下不解之緣的命運之日。

儘管它位於地下室，然而不論吧台區或餐桌區時時都充盈著客人的談笑聲，
有著溫暖笑容的老闆，忙著顧那一整鍋每樣都由他親手製作的關東煮，
吧台上則是排著一整排老闆娘精心烹調的大盤料理。
一個人去的時候，可以每道菜都叫一點，組成拼盤，
邊問老闆娘烹調方法，邊開心喝酒吃菜，最後帶著身心飽滿的愉快心情回家。

老闆娘的厲害之處就是在傳統菜餚中加入自己的獨特調味，
其中這道水煮馬鈴薯的調味祕方最令我感到驚豔！
這道菜我已經在家做了好幾次，今後一定還會不斷再做。

黑輪太郎
武 野市吉祥寺本町1-8-14 B1
TEL 0422-21-6666
18:30～24:00 星期一、二、三公休

譯註：用剛長出來的小馬鈴薯，皮薄肉脆，適合連皮整顆食用。

蠔油
奶油口味！

彈牙的口感讓人一吃上癮

「Romuaroi」的生春捲

〈 材料 〉 容易製作的分量

- 米紙　4張
- 去骨雞腿肉　1片
- 魚露　1大匙
- 豆芽菜　適量
- 各式香草　適量
 ＊香菜、薄荷、甜蘿勒等
- 甜辣醬　適量

〈 作法 〉

1 去骨雞腿肉皮朝下放進鍋內，倒入蓋過食材的水，加入魚露。
開中火煮至水滾後，轉小火再煮5分鐘，熄火放涼。
待雞肉冷卻後切成薄片。（吃不完可以拿來做別道菜！）

2 米紙過水變軟後攤開置於砧板上，兩兩重疊成一份。

3 依順擺上各式香草、雞肉、豆芽菜，
用力往前捲緊並擠出空氣。

4 以保鮮膜包覆，放進冷箱冷藏3小時左右。
切成容易入口的大小，佐上甜辣醬，即可上桌。

將兩張米紙重疊，依序放上香草、雞肉、豆芽菜。

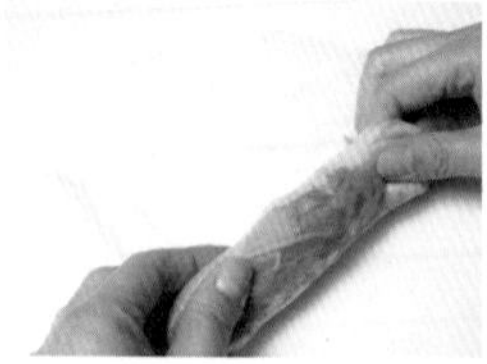

力往前捲緊，擠出裡面的空氣。

我雖然去過泰國好幾次，
但是第一次在日本的「Romuaroi」吃到這道菜時，竟覺得比當地的還好吃。

老闆Nuding一人掌廚，做出來的料理既細緻又大膽，
大量使用在日本不易取得的泰國香草，
其中特別令人印象深刻的生春捲更是在其他地方吃不到的美味。

祕訣在於米紙，他是以兩張越南製的薄米紙重疊、捲起配料，
做出彈牙的口感，真是妙招！
絕對不可記錯，「豆芽菜要用生的」，缺它不可 

Romuaroi
中野區東中野1-55-5 土田Bld. 1F
TEL 不公開
不定期公休 *不接受預約

米紙要兩張
重疊！

放上自己喜歡的水果！

「天★」的吮指雞肝醬小點

〈材料〉容易製作的分量

〔雞肝醬〕

• 雞肝（處理過後的實際重量） 250g

A
- 紅蘿蔔（切成薄片） ½根
- 洋蔥（小，切成薄片） 2顆
- 蒜 ¼瓣
- 薑 ½小塊
- 酒、醬油 各50ml
- 味醂 25ml

• 奶油 80g

• 黑胡椒 少許

〔組合〕

• 法國麵包（切成薄片）、
無花果（或其他當季水果）、

• 薄荷 各適量

〈作法〉

1 雞肝在還沒去血水的狀態下，放入滾水中稍微汆燙。取一調理盆裝滿水，
放入剛煮燙好的雞肝，仔細清理筋膜和血塊。

2 將**1**放入鍋內，加入A，加水（分量外）
淹過所有食材。

3 開火加熱煮至蔬菜變軟爛為止，
過程中不時撈除表面的浮渣，
待湯汁收乾即熄火。
取出生薑，放涼，拌入奶油、黑胡椒。

4 將**3**放入食物處理機打成泥，倒入舖了保鮮膜的容器裡，進冰箱冷藏，使形狀固定。

5 法國麵包烤過之後，鋪上切成5mm厚的**4**，
再擺上無花果、薄荷點綴即完成。

我大約7年前開始喝日本酒，
和日本酒的緣分便是在「天★」這家店開始的。

這家店第一件讓我驚豔的是，不懂日本酒、不知怎麼搭配也沒關係，
只要從那光看就讓人流口水的菜單點好下酒菜，
（看起來有點凶，但其實人很好）親切的老闆早坂先生就會替你點的每一道菜
選配一小杯合適的日本酒。
我們先入為主的觀念是雞肝醬適合搭配葡萄酒，
這家店的作法是將以醬油、味醂、生薑調味，再擺上草莓、金桔或
無花果等水果，跟日本酒簡直就是天生絕配！

帶著這道菜去參加居家派對，不僅攜帶方便，一定大受歡迎。
另一種作法是「低溫慢烹雞肝（P.64）」，再打成泥狀，佐以當季水果，
不過還是「天★」的雞肝醬最讓我念念不忘

天★（Tensei）
杉並區梅里1-21-17
TEL 03-3311-0548
18:00～24:00 休息日不固定

和風
雞肝醬

享受蔬菜的清脆口感！

「Organ」的庫司庫司沙拉

〈材料〉容易製作的分量

- 大頭菜、紅蘿蔔、綠花椰菜、南瓜、地瓜、四季豆、小番茄、小黃瓜 全部加起來約一個調理盆的分量
- 庫司庫司(couscous) 2大匙
- 橄欖油 1小匙

〔醬汁〕

- 橄欖油、第戎芥末醬、白酒醋、薑泥、鹽、胡椒 各適量

〈作法〉

1 容器裡倒入和庫司庫司等量的熱水，蓋上鍋蓋，置靜泡開，倒入橄欖油混拌。

2 大頭菜、綠花椰菜、紅蘿蔔切成一口大小，入水煮熟，不時試試軟硬度，不要煮得過軟，保留一點口感。

3 南瓜、地瓜、四季豆切成一口大小，稍微蒸煮，保留一點口感。

4 小黃瓜、番茄切成一口大小。

5 醬汁的材料全倒入調理盆，調勻後放入1、2、3、4，拌勻即完成。

每次到「Organ」，都覺得這是一家很舒服的店。
老闆紺野先生蒐集的古董家具，乍看覺得亂無章法，
看久之後發現其中的共通性，反而讓人有種安心、親切感。
店內總是高朋滿座卻不嘈雜，燈光柔和而溫暖。

一坐下，熱愛自然派葡萄酒，知識豐富的店員便會上前來，
他精采的介紹，總是讓人迫不及待想要喝上一整瓶。
每一道菜都非常美味，作法繁複但是價格非常實惠，結完帳要離開時都覺得很不好意思。

雖然它位在有點偏離市中心的西荻窪，但我敢保證，去了必定滿意。
口袋名單裡有一家絕對不會踩到地雷的店，實在是一件很幸福的事。

我在它的姊妹店「uguisu」第一次吃到這道庫司庫司沙拉。
這道菜不同於大家熟悉的塔布蕾沙拉（譯註1），庫司庫司僅撒在蔬菜表面，用量不多。
蔬菜有生吃、蒸煮、乾煎、水煮等，烹調手法與熟度不一，
醬汁也十分講究，自己絕對做不出來，
因此在家自己做就用這份改良過的簡易版食譜，每次吃，都會回想起店裡舒適的氛圍。

Organ
杉並區西萩南2-19-12
TEL 03-5941-5388
17:00～24:00（最後點餐時間23:00）
星期一和每月第四個星期二公休

譯註 1：法國家庭料理 taboulé，庫司庫司的用量較多，當作主食。

可替換成自己
喜歡的蔬菜！

Hana
Column ⑭

最強伴手禮和居家派對的原則

參加居家派對該帶什麼菜好呢？這問題也曾經困擾了我很久，
最後想到，只要口袋裡有一份拿手菜單，便可迎刃而解。
此外，前往參加居家派對要留意幾件事：
若要帶冰淇淋或冷凍食品之類必須要冷凍的食品，
得考慮到主人家裡冷凍庫裡可能早已裝滿一大堆東西，因此務必事先通知。
如果會用到瓦斯爐加熱料理時，也要告知。
最重要的是，不要太早到！
主人可能還在忙著準備，提早到反而讓彼此覺得尷尬！
留意這些事，就能賓主盡歡啦。

Hanako的伴手禮口袋名單

高級水果

對自己的品味不太有自信的人，高級水果是最佳選擇！到紀伊國屋等高級超市選購「比平常貴一點」的水果禮盒，看起來得體大方。

「大安」的無添加醬菜

眾多料理之間多了道無添加醬菜，有助去油解膩。「大安」雖是京都品牌，但是日本各大百貨地下街都買得到。

神田「笹卷壽司」的壽司便當

百年壽司老店，打開外包裝的竹葉，每個壽司都有不同的配料，魚肉、蝦卵、蛋皮，看看你拿到的是什麼？存放的時間也較一般壽司長。

成城學園前「SALUMERIA 69」的火腿

居家派對一定要有的美味火腿，肯定大受歡迎。推薦 3000 圓的綜合套餐。

尾山台「AU BON VIEUX TEMPS」的甜點盒（Friandise）

12 個適合下酒的小蛋糕組合，非常華麗！非預約才買得到，但保證值得。

新宿3丁目「Le Petit Mec TOKYO」的法國麵包

居家派對不可或缺的法國麵包，我每次都會買兩種口味帶去。在移動範圍內的美味麵包店是參加居家派對的最佳幫手。

特別章-2

居家派對之神 感謝祢！

如果這個世上有「居家派對之神」的話，
我一定是深深受到祂的眷顧，
而且越是這麼相信就越常受邀去參加居家派對。

居家派對型態不一，有時是參加者各自帶些料理
大家一起分享，有時則是有專業廚師級手藝的朋友大展身手，
能夠有這樣口福，我真是太幸福了。

因此今晚我得再次心存感激地說：
「居家派對之神，謝謝祢！」

枸杞來畫龍點睛！

亞由美的蔥油拌銀耳百合

〈材料〉2～3人份

- 銀耳（乾燥） 10g
- 百合根（小） 1顆
- 長蔥（僅用蔥白色部分，切成5mm的小段） ¼枝
- 白芝麻油 1大匙
- 鹽 ½小匙
- 枸杞 適量

〈作法〉

1 銀耳放水中泡開，稍微煮過便撈起放涼。枸杞放入少量的水中泡開。

2 鍋裡放入白芝麻油、蔥白，開小火加熱至蔥白變得透明。

3 百合根剝散，入水汆燙，保留硬一點的口感即撈起，移在冷開水中降溫，冷卻後即可撈起。

4 取一調理盆，放入銀耳、2、3，拌入鹽，盛盤，撒上枸杞即完成。

山本亞由美的正職是飾品設計師，所經營的品牌「MURDER POLLEN」十分受到歡迎。除此之外，她還是一隻非常可愛貓咪「紅子」的主人。

她設計的飾品與現今主流的「簡單設計」背道而馳，特色是「多一點，再多一點，越繁複越好」，充分展現個性的作品。原創性十足，加上絕佳的好品味，不論怎麼搭，都能展現出華麗高雅的風格。

每次受邀去她家參加派對時都深切地能感受到其個人特色也反映在她的料理上，以視覺的角度切入，依色彩組合來設計菜單多元種類＆珍貴食材搭配，成就出一道道美味佳餚，與其說是創作者的巧心料理，以作品來稱之更為貼切。

為了重現這道菜，我不斷盯著她拍的照片，可是完全模仿不出她的美感，只能對著照片苦笑。啊啊！為了她美不勝收的料理，只好厚著臉皮去敲她的門請教啦

搭配不同料理的醬汁：椰奶薄荷醬、韓式沾醬、菠菜藍起司抹醬、山椒味噌。

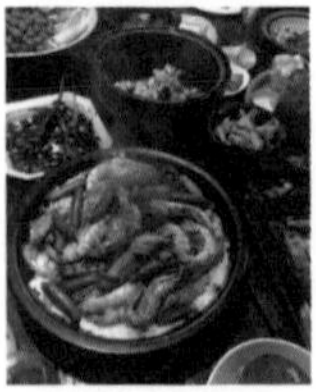

土鍋以鹽舖底，放入產地直送的蝦子，蓋上鍋蓋焙蒸。

亞由美的品牌官網：
「MURDER POLLEN」
http://www.murderpollen.jp/

103 亞由美的蔥油拌銀耳百合

連骨頭都鬆軟！

京江太太的油煮秋刀魚

〈 **材 料** 〉 **容易製作的分量**

- 秋刀魚　5條
- 粗鹽　適量
- 大蒜　2瓣
- 月桂葉　1片
- 辣椒　1根
- 迷迭香、橄欖油　各適量

〈 **作 法** 〉

1 秋刀魚去頭、內臟後，切成數大塊，撒上粗鹽，靜置30分鐘～1小時。
2 將1的鹽沖，以廚房紙巾擦乾。
3 取一厚底的鍋子，放入少量的橄欖油、拍碎的大蒜稍微炒過，擺進魚塊，再加進月桂葉、辣椒、迷迭香，再倒進可蓋過食材的橄欖油。
4 開最小火，保持在80度，持續加熱1小時左右，將秋刀魚煮到熟透。浸泡在油裡可存放1星期，也可以分成小包冷凍。

食用方式

耐熱容器以長蔥（切薄片）舖底，擺上油煮秋刀魚，進烤箱加熱後，淋上少許醬油即完成，配飯或作為義大利麵備料都很棒。

我所認識的人之中，京江倫子太太堪稱「最強料理主婦」。

「我只是天天將為家人做飯的過程上傳部落格而已」，
她話說得謙虛，但手藝絕對不是一般人的水準！！
我在她還沒生寶寶前就開始追蹤她的部落格，
很推薦大家也去看看（網址請參考下方）。

平日的晚餐做8道菜餚是家常便飯，（明明也有全職工作！）
除了對料理充滿熱愛之外，
我常為了跟她學常備菜的作法和菜色配搭而去她家參加派對，

這道油煮秋刀魚也是她的拿手好菜之一，
5隻秋刀魚其實不多，應該一下子就會被掃光！

綜合焗烤，裡面有扇貝、山菜跟大頭菜。耐熱玻璃容器是我從老家帶過來的。

海邊撿拾的海瓜子加上大量蠶豆，做成春季西班牙海鮮燉飯。

京江太太的部落格
「我楽多工場分室 2」
http://junfac2.exblog.jp/

百搭調味料

酒吧Urban老板娘的泰式熱炒

〈 **材料** 〉 **容易製作的分量**

- 小松菜　1把
- 花枝（生食等級）　1隻
- 蠔油、魚露　各2小匙
- 沙拉油　1大匙
- 大蒜（稍微切碎）　½瓣
- 辣椒乾　1根
- 香菜（切碎）、檸檬（切成月牙形狀）　各適量

〈 **作法** 〉

1 小松菜切段，花枝去除內臟，
連皮切成一口大小。
蠔油和魚露倒入碗裡拌勻備用。

2 平底鍋裡放入沙拉油、大蒜、辣椒，
開火加熱，爆出香氣後放入花枝，
炒至花枝半熟，表面大致呈白色時，
加入小松菜快速翻炒。

3 倒入1的調味料，快速翻拌後起鍋盛盤，
撒上香菜，放上檸檬點綴即完成。

「Urban」是位於四谷・荒木町，採會員制的酒吧。
經營這家店的媽媽是圈內人必知的臼井悠，
我都稱她「老板娘兒」，
她開這間酒吧之前，曾做過書籍編輯，經歷很特別。

老板娘兒熱愛泰國，不時就飛過去，
慢慢地有了「想在日本重現精緻泰國料理」的想法，
於是認真地學做泰國料理。 去她舉辦的居家派對時，
就會看到餐桌上排滿泰北香腸、發酵後再烤的帶骨豬肉，
根本就像是在餐廳裡吃泰國菜啊！實在太厲害。

這次做的是沒有泰式調味料也能做出的泰式料理，
因為有蠔油+魚露這兩者的組合，可說是打遍天下無敵手，
用來炒牛肉＋芹菜或是豬肉＋韭菜都非常對味。
聽說拿來炒麵也是好吃得讓人差點連盤子都吞下去，
下次我也要試試！

芫荽子口味的泰式叉燒，佐上美味的自製沾醬。

玉米和泰式香料（Bai makrut）做成薩摩炸魚餅（譯註），鬆鬆軟軟的，好吃極了！

老板娘兒的酒吧 官網
「Urban」
http://snack-urban.com/ ※採會員制

譯註：起源日本九州南方鹿兒島一帶（舊時的薩摩藩），以魚漿製成的油炸食品。

107 酒吧 Urban 老板娘的泰式熱炒

適合搭配的酒別索引

啤酒

洋蔥鑲豆皮 11
泰式荷包蛋佐香菜 15
長蔥春捲 18
咖哩燉菜(Sabji) 25
越南風味紅燒肉 34
炸鮮蝦餛飩 37
鹽漬紅蘿蔔絲 46
鹽漬紅蘿蔔絲 62
醃豬肉 68
不加美乃滋的馬鈴薯沙拉 75
焦香味噌飯糰 85
韓式冷麵 86
「ロムアロイ(Romuaroi)」之泰式生春捲 94
酒吧Urban老板娘的泰式熱炒 106

葡萄酒

土耳其沙拉 14
香煎根莖蔬菜 28
整顆高麗菜燉豆 29
紅醬焗蛋 35
清蒸雞佐蒜味優格醬 38
葡式香烤沙丁魚 44
甜柿大頭菜生火腿沙拉 50
西西里風開心果柳橙沙拉 52
香古岡左拉起司焗無花果 53
葡萄香煎培根 54
普羅旺斯雜燴(Ratatouille) 70
肉感十足小丸子 76
法式白醬焗馬鈴薯 77
只有罐頭番茄的義大利麵 88
「Organ」之庫司庫司沙拉 98
亞由美的蔥油拌銀耳百合 102
京江太太的油煮秋刀魚 104

日本酒

醃小黃瓜 10
什錦涼拌豆腐 17
青菜拌蜂蜜紫蘇梅味噌 24
口感濕潤的茗荷拌豬肉 32
新鮮扇貝拌梅子泥 47
青甘魚西京燒 48
低溫雞肝 64
只有蛋的茶碗蒸 74
簡易版筑前煮 78
「おでん(Oden)太郎」之燉新馬鈴薯 92
「天★」之吮指雞肝醬小點 96

燒酎

生鮪魚拌皮蛋 16
韓式蔬菜盤 22
蠔油奶油炒牛肉 36
清蒸鮭魚 42
義式生魚片佐紅紫蘇醬菜 45
雞蛋拌飯 84
韭菜拌烏龍麵 87

麥芽發酵飲料（Hoppy）

玉米×毛豆煎餅 8
番茄炒蛋 12
生菜包豬肉鬆 26
魚露炒羊栖菜 66

後記

有人說
「每天工作總有不如意，或看不到盡頭的時候，
而做菜可以憑一己之力完成，而且一定會有成果，
所以即使工作了一天回到家很累了，
也還是想藉由動手做料理來讓自己的心情好一點」。

我也認同做菜會讓人心情好的說法，
因為「做菜給自己吃」的時間是完全屬於個人的，
可以只是簡單用鹽搓揉小黃瓜，快速完成一道下酒菜，
或是花上大半天的時間來燉肉，都是個人的自由。

回到家，邊炒菜邊暢飲啤酒，
光是能有「今天的酒也好好喝」的感覺，
就足以讓人幸福愉悅。

我從2004年開始以「徒然花子」
的筆名在網站上撰寫文章，

之後又開設了部落格、Twitter、Instagram，
都是以「為自己做的菜」為主題發表文章。
這段不短的期間我也發生了許多事情，
但是不論何時，做菜總能帶給我好心情。
因此很高興得知這些原本在線上雜誌
「SOLO」連載的內容要集結成書，可以有更多人看到，
在此向本書的讀者表達由衷感謝之意。

希望這本書裡的料理可以
讓每位單身女子的小酌時光更加愉快充實。
讓我們一起乾杯！

2016年2月　徒然花子

1 菜 +1 酒 = 姐的居家小酒館：

大滿足！下班後一個人的乾杯下酒菜，10 分鐘輕鬆上菜

作　　者　徒然花子　ツレヅレハナコ
Tsurezure Hanako
譯　　者　許敏如
責任編輯　王淑儀・林志恆
封面設計　劉佳華
內頁排版　劉佳華

發 行 人　許彩雪
總 編 輯　林志恆
行銷企畫　黃怡婷
出　　版　常常生活文創股份有限公司
E-mail　goodfood@taster.com.tw
地　　址　台北市 106 大安區建國南路
1 段 304 巷 29 號 1 樓

讀者服務專線　02-2325-2332
讀者服務傳真　02-2325-2252
讀者服務信箱　goodfood@taster.com.tw
讀者服務網頁　https://www.facebook.com/
goodfood.taster

FB | 常常好食　　網站 | 食醫行市集

法律顧問　浩宇法律事務所
總 經 銷　大和圖書有限公司
電　　話　02-8990-2588
傳　　真　02-2290-1628

製版印刷　凱林彩印股份有限公司
定　　價　新台幣 320 元
初版一刷　2018 年 2 月
Printed In Taiwan
I S B N　978-986-94411-9-3

國家圖書館出版品預行編目 (CIP) 資料

1 菜 +1 酒 = 姐的居家小酒館：大滿足！下班後一人乾杯下酒菜 ,10 分鐘輕鬆上菜 / 徒然花子作；許敏如譯 . -- 初版 . -- 臺北市：常常生活文創，2018.02
面；　公分
ISBN 978-986-94411-9-3(平裝)

1. 食譜

427.1　　107002036